文学·艺术·生活·时尚·旅游·资讯

六角丛书

钻石秘史

艾国柱 著

武汉大学出版社
WUHAN UNIVERSITY PRESS

图书在版编目(CIP)数据

钻石秘史/艾国柱著．—武汉:武汉大学出版社,2012.9
六角丛书
ISBN 978-7-307-10054-1

Ⅰ.钻…　Ⅱ.艾…　Ⅲ.钻石—通俗读物　Ⅳ.TS933.21-49

中国版本图书馆CIP数据核字(2012)第175042号

责任编辑:张福臣　　责任校对:刘　欣　　版式设计:韩闻锦

出版发行:武汉大学出版社　(430072　武昌　珞珈山)
(电子邮件:cbs22@whu.edu.cn 网址:www.wdp.com.cn)
印刷:武汉中科兴业印务有限公司
开本:815×1000　1/32　印张:5.125　字数:87千字　插页:1
版次:2012年9月第1版　　2012年9月第1次印刷
ISBN 978-7-307-10054-1/TS·32　　定价:13.00元

六角丛书

目录 Contents

一

少女偶得奇石，华国锋命名中华第一钻——常林钻石

楔　子

金刚石古老而珍稀，品质坚硬耐久，外形雍容华贵，千百年来，西方人热衷冒险搜求，甚至视为“国力强盛”、“富豪尊荣”的象征。而在中国几千年的文明史中却见不到对钻石作为饰物和财富性质的追求。我们不妨留意中国数千年留下来的琳琅国宝，看看历代帝王将相们墓葬宝物，查阅古典书籍中描述的首饰佩物，不论汉唐威朝、康乾盛世，即使贵如皇妃，富若石崇，何曾见有阿物儿的些微身影？玄奘身居钻石之国印度达十六、七年，到过佛像上镶钻的孔雀王朝王舍城，带回的是浩瀚的佛经典籍，与嗜钻的波斯王、钻营的法国商人塔沃尼形成鲜明的对照。中国当然不是不知道“金刚石最坚硬”，只是完全用于平民化需求了。

中世纪以来，冒险扩张的西方诸国对印度和远

东钻石资源的掠夺，一如八国联军对圆明园的洗劫。中国1937年发现的仅有的一颗大钻石，也不幸沦入日本人之手。往昔钻石素蒙“血腥”，今日“血钻”犹在泛滥。如何使钻石脱离助长荒淫的厄运，避开争权夺利的战乱蹂躏，是全世界正直人士的共同责任。

在近代以来，国人对钻石的认同也首先出现在装饰方面，新中国更以人造金刚石的开发而拓展到工业用途和尖端科学。以1977年山东发现《常林钻石》为契机，特别是在“改革开放”后的今天，我国的钻石工业也日益“与国际接轨”，已经发生的翻天覆地变化令人喜不自胜。

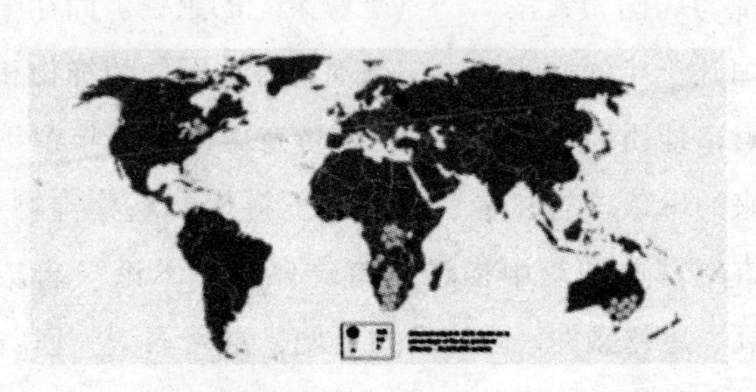

当今世界钻石输出分布图中，有中国一席

提高对金刚石的自然史和人文史的全面而正确的认识，正是我国日益步入金刚石强国的必要之举。

1　村姑得奇遇

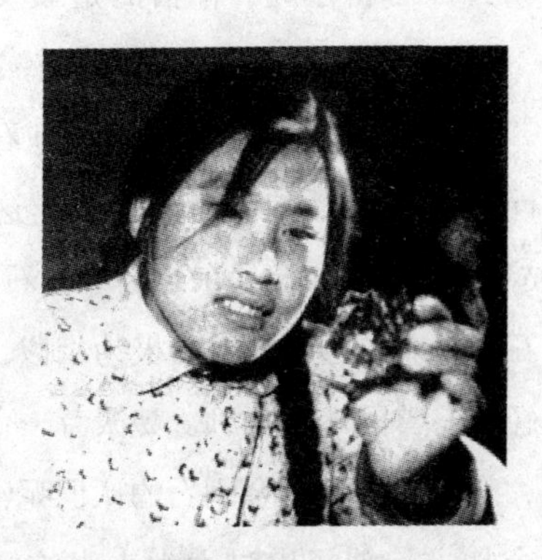

十九岁的魏振芳拾了颗大钻石

公元1977年的12月21日，中国山东省临沭县岌山，夕阳落向镶嵌金边的马陵山后。常林村十九岁的村姑魏振芳干完了队里分给自己的翻地任务，正要收工回家。晚霞中，她站直身躯舒缓四顾，看见相邻地头有一小块地漏翻了，晚风吹得枯草晃悠悠的。她是个分内分外活都热心的好姑娘，便走过去义务翻那块地。谁知她的钢锹刚刚进入土里——听得锹尖儿一声脆响，有一粒小石子儿随着地表迸闪出的一片火星，蹦跶着跳到她的脚边来。也许是好心自有好报，魏振芳弯腰拾起了这颗板栗般大小的石头，顺手在衣襟上一擦，举至眼前一看，哇！只见晚霞中万道金光四射，正渐苍茫的暮色竟然增添了瑰丽光辉。她的心怦动了——莫不是金刚石吧！她便轻声唤住一位年长社员说：“你看这是不是块金刚石？”那人接过石头一细瞧，不由得大声惊叫：“不得了啊，你拾的是颗大金刚石啊！”

号称“中华第一大钻”的这颗金刚石，就这样被幸运而善良的村姑魏振芳发现了。这对中国（所谓“贫钻之国”）乃至远东地区不啻石破天惊！这颗金刚石的外貌与透明石英石极为相似，普通人多会对其轻鸿一瞥而不屑再顾。魏振芳一个没读过书的村姑，怎么会有关于金刚石的认识呢？原来山东临沭这个地方，曾经出过大大小小的好几颗钻石。早在1937年，与岌山相邻的莫疃村的村民罗佃邦，就曾在草沟里拾得过一颗重281.25克拉的“金鸡钻石”，但被日寇驻军头目谋夺，从此杳无形踪。

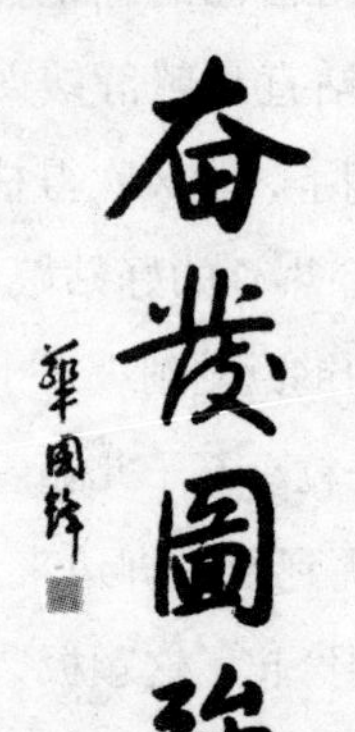

魏振芳把钻石小心翼翼地装在上衣口袋里，在乡亲们的簇拥下高高兴兴地回到了家。放下铁锹，振芳扑到父亲面前，从口袋里掏出钻石一亮，娇声地说：“爸，你看呀，我有福么？”

父亲扫了一眼：“一块马牙石算个什么福？”

女儿回答说：“他们都看了，都说是钻石呢！”

老人这才接过去仔细瞧，见过世面的他立马惊呆了！以前虽说也见过金刚石，但最大的也不过与花生米相仿佛；眼前这么大的钻石，别说见，连听都没有听说过啊！

临沭含钻岗地

澳洲阿盖尔矿山

喜讯传开，四乡八邻的村民们立即蜂拥而来，挤满了小小的农家院落。消息于22日传到了附近的“803矿”——在当地寻找钻石矿的专业单位，矿党委童书记火速赶赴地委通报此事，地委当即派人随其一同到临沭，直接约上公社领导，一行人风风火火深夜赶到魏家。魏父此时正召集儿女们商量钻石处理大计。魏振芳家有兄妹八人，土屋三间，家什简陋，生计清贫，长依救济。老父亲年及古稀，大半生苦度黄连，振芳拾到钻石后，他亦喜亦忧，辗转难寐。当来人问魏家如何处理宝石时，老人沉默良久，终于发话：“如今俺闺女拾了块钻石，要是在过去，恐怕要大祸临头了。钻石是国家的财富，俺要亲手把它交给华主席，献给国家……”于是在昏黄的煤油灯下，全家人加上来宾你一言我一语汇成了一封给华总理的信：“……这块宝石埋在地里是祖国的宝藏，挖出来是人民的财富，必须……敬献给人民。”

1978年1月3日，中央人民广播电台播发了魏振芳的事迹，神州激荡，举世震惊。国家决定给一定物质奖励，当地领导来征求她的意见，振芳思索之后，就只提出了一个要求：“俺大队里太穷了，连台拖拉机都没有，要奖励的话就给俺大队买台拖拉机吧。”

为了表彰魏振芳的爱国精神，国家奖给魏振芳3000元人民币，并农转非到803矿当了工人；同时应魏振芳之请奖给常林大队一台拖拉机。几年后，魏振芳所在的803矿于1984年改制为公司，在选举公司领导班子时，魏振芳两次均以全票当选。因为她工作勤奋，毫不居功自傲。至今她的家庭仍处清贫之中。

这颗钻石随后被当时的党中央主席兼总理华国锋命名为“常林钻石”。

1977年12月21日这一天，对于中国的钻石史乃至世界钻石史都是具有极重要纪念意义的日子：中华第一大钻，一颗灿烂的“东方之星”，从黄海之滨跃然升起！消息传出，举世轰动，海内外炎黄子孙雀跃欢腾。“常林钻石”经《中国科学院》鉴定：其晶形为立方体和曲面菱形十二面体的聚形，无裂隙；钻重158.786克拉；色呈淡黄，透明如水。它诞于远东“贫钻”之地，天赋独领一方风骚，钻中极品，连城难喻其价。香港报载说“常林钻石”在当时世界二十颗百克拉以上的钻石中位列十四。1977年的这个排行也许不准确，但可以肯定的是，“常林钻石”不仅是珍稀的国宝，而且即使到现在也仍然是世界级的高质量的大钻石。

只是，目前在洋洋洒洒的西方钻石资料中还没有（或者是“极难”）见到“常林钻石”的身影。目前国际钻石的生产和交易仍旧处于高度垄断的状态。老牌的钻石公司把持着钻石价格，通过各种炒作手段尤其是国际性的大拍卖行，使钻石销售形成天价。中国钻石还有极长的路要走。譬如钻石鉴定，最权威的机构是“非牟利性”的《美国宝石学会（GIA)》，有资格发放“钻石鉴定证书”的是同系统的“全欧宝石实验室·美国（EGL USA)”，它在美国和加拿大各设有2个同规模试验室；既对抗又联合的是“全欧宝石实验室·国际/全欧宝石实验室·以色列（EGL International/EGL Israel”。只有经他们鉴定并颁发证书的钻石才可公开叫卖，消费者才会放心。美国宝石学会作为全世界信誉卓著的最权威钻石科研机构、“国际金刚石分级系统”的编制和发布单位，每年都提供关于钻石行业自身成长和改进的有效编年史（virtual chronicle)。相信他们迟早定会将中国的相关资料补充完善。

下面的两张钻石鉴定样书，左为“EGL USA”所颁（钻石重1.01克拉)，右为EGL In./EGL Israel所颁（钻石重1.0克拉)。这些证书是针对成

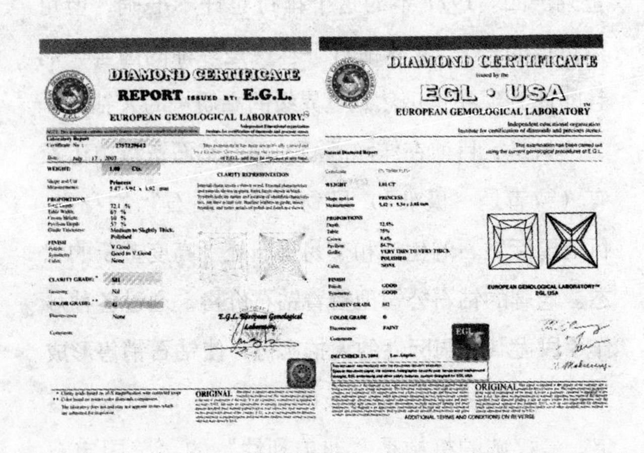

DIAMOND CERTIFICATE
REPORT ISSUED BY: E.G.L.
EUROPEAN GEMOLOGICAL LABORATORY

WEIGHT:
Shape and Cut: Princess
PROPORTIONS
Girdle Thickness: Medium to Slightly Thick. Polished
FINISH
Polish: V Good
Symmetry: Good to V Good
Culet: None
CLARITY GRADE:* SI1
Luminosity: Nil
COLOR GRADE:** G
Fluorescence: None
Comments:
CLARITY REPRESENTATION
E.G.L. European Gemological Laboratory
ORIGINAL

DIAMOND CERTIFICATE
issued by the
EGL · USA
EUROPEAN GEMOLOGICAL LABORATORY™
Independent educational organization
Institute for certification of diamonds and precious stones.
This examination has been carried out using the current gemological procedures of E.G.L.
Natural Diamond Report
WEIGHT
Shape and cut: PRINCESS
PROPORTIONS
Girdle: VERY THIN TO VERY THICK POLISHED
Culet: NONE
FINISH
Polish: GOOD
Symmetry: GOOD
CLARITY GRADE: SI2
COLOR GRADE: G
Fluorescence: FAINT
Comments
Los Angeles
EUROPEAN GEMOLOGICAL LABORATORY™
EGL USA
ORIGINAL
ADDITIONAL TERMS AND CONDITIONS ON REVERSE

品宝石而言的，像1克拉的小钻石太多，还不够格进入“GIA”的编年史。但对于常林钻石这样的巨钻，“美国宝石学会”不可能真的没有情报。

2　常林做先导　陈埠一号出世

继发现常林钻石之后，在山东郯城地区，距离岌山不远的马陵山两侧的丘陵山坡地上，几年间又陆续传出了发现新金刚石的好消息。

1981年8月中旬，郯城金刚石矿在陈埠发现一颗宝石级钻石，重124.27克拉。呈微棕黄色（Fancy light yellow），主体透明度佳，局部有小的裂隙和石墨包裹体。体积为32×31.5×15毫米，晶体为立方体与菱形十二面体的聚形。此钻命名为“陈埠一号”，已被上海钻石加工中心购去。

重124.27克拉的“陈埠一号”钻石

1982年9月和1983年5月，在离“陈埠一号”钻石发现地邻近处，又有分别重96.94克拉和92.86克拉的两颗大钻石被发现——那里距魏振芳拾到“常林钻石”的山坡仅4公里之遥。

1983年11月14日，山东蒙阴701矿的工人在选矿时，发现一颗119.01克拉重的大钻石。这是仅次于常林钻石和陈埠一号钻石的中国第三大钻石，被命名为“蒙山一号”。

蒙阴钻矿厂在1991年5月又发现重65.57克拉的“蒙山二号”；同年10月，重67.63克拉的“蒙山三号”相继被发现。该矿在选矿过程中获得了数颗10克拉以上的优质钻石。

这些钻石发现在太平洋西岸我国的深大断裂带上。17世纪中叶，临沭地区曾经发生过山崩地裂、洪水咆哮的特大地震，散布于马陵山两侧的金刚石也许与大地震有关。而在沭河的下游，江苏的宿迁于1991年也曾发现过一颗重52.71的金刚石。常林钻石的发现，对于地球科学的研究、寻找原生矿以及研究天然金刚石形成的环境等具有十分重要的意义，一个钻石勘探的新高潮已在山东乃至全国范围兴起。

令人兴奋的是，辽宁大连的瓦房店地区在2009年发现了一座新的金刚石矿源。瓦房店地区出产金刚石已有数十年历史，所产钻石质地优良，纯度甚至比南非的金刚石矿还要好，宝石级别以上的金刚石达到70%左右，为世界级优质矿

陈埠钻石发现地原址

藏。只是产量尚属有限，也尚未发现爆炸新闻那样的大钻石。

如今发现的新矿源所在地，几年前有家私营采矿公司闻听这里有钻石，曾来开采。但这里是金伯利火成岩地区，不是冲击矿藏，欲取钻石，必须深入地下。而他们设备简陋，方法原始，挖下30米许后即无法再深掘，一粒钻石也没有发现。辽宁省地质矿产勘查局经过科学勘探，终于在瓦房店地区发现了这座可能蕴藏有数十万克拉宝石级钻石的大型钻矿。该矿是中国近三十年内找到的唯一一座金伯利岩筒型大型矿藏，所蕴钻石质地犹在当今以优质著称的南非金刚石矿之上。其储量在21万克拉左右，需挖掘约5300万吨矿石，以目前普通矿藏开采速度，可以开采二十年左右。

私人开采未果的瓦房店金伯利岩矿坑

据称，瓦房店地区在发现这个新钻矿之前，还有一个早已探明的“全国最大钻石矿”——占地面积 4.2 公顷，储量高达 400 万克拉，相当于 21 万克拉新矿的 20 倍。这个露天大钻矿，矿石裸露于地表面。但瓦房店钻矿一直开采的是一个储量 300 万克拉的“50 号岩管”，目前“50 号岩管”已经采完，这个 400 万克拉的大矿便要投入开采（虽然该矿的品质和品位都次于“50 号岩管”）。

金刚石是地球上最古老的物种，它的自然史有三十多亿年，被人类认识也已达三千年之久。金刚石之所以被当作“无价之宝”，并非完全因为它“最坚硬”——跟它硬度接近的石头有，甚至有了硬度超过它的人工合成结晶物；也不完全因了它的美丽——五千年文化的中国就最喜爱晶莹若仙肌、玲珑超万物的宝玉和钻石以外的其他珠宝，钻石不过用作实用；主要是因为它的珍稀——物以稀为贵，别的物品都以吨、公斤计量，小的也以“克”计量，唯独金刚石是以“克拉”（1/5 克）计量。现在全世界每年生产的金刚石约为一亿克拉，合区区 20 吨，而且，其中能用于宝石加工的，还只在四分之一以下。试想，如果金刚石也和它的远房亲戚煤炭一样多，说不定就是灾难了。

看，那就是瓦房店 400 万克拉藏量的大钻矿

大连地区大约在距今四亿六千多万年前发生过一次火山大爆发，将地壳下约二百多公里深处的岩浆带上了地表。这些岩浆冷却后变成了此地呈现灰蓝色金伯利岩筒。这种蕴藏钻石的金伯利岩在中国被发现还只是最近几十年的事。

瓦房店出产的金刚石算多少岁呢？四亿六千万

岁，还是三十四亿岁？

让我们从下章起，去发掘它的奥秘，讲述金刚矿石的动人历史故事吧。

二

世上真有“钻石谷”吗

1　与地球仿岁　从印度得名

生物行星混沌初开之日，火团渐凉地壳硬缩之时，地球上最珍稀的单元素无机物种金刚石，诞生在环球周遍的地壳深处。这浑身玲珑剔透的宝贝儿躺在坚硬的岩筒襁褓中，一躺就是许多亿年。如果不是暴烈的地心岩浆发脾气，时常冲破火山口扰乱天穹，金刚石恐怕是绝无出头之日的。

金刚石的年龄比地球小一点：地球约44.5亿岁，而金刚石老大们（住在印度和南非的古老地台里）33.4亿岁，约为地球年龄的3/4；住在澳洲的阿盖尔一带的金刚石老二约16亿岁；最小的一支住在中非（例如博茨瓦纳的奥拉伯山区），也已经约10亿岁了。这些金刚石兄弟们早在人类出现之前，就有许多调皮鬼蹦到了地面上来，它们见证了人类从猿猴进化而来的全过程。

最近又有了新的悬念：有人在西澳大利亚发

发现于澳洲西部的最古老金刚石

现了悬浮在一块锆石结晶里的最古老金刚石。科学家们说这些极小的金刚石粒已有42.5亿岁。最初估计地球形成于45亿年前，至少有500万年的期间，地球表面被流动的岩浆海洋覆盖着。金刚石是不可能在地球表面为岩浆覆盖的条件下形成的，因为它们会被液化、汽化。如果这一新发现得到证明（有待国际宝石学会验证），金刚石的年龄就会提前到只比地球小约两千万岁。金刚石的这个年龄可能说明，地壳的冷却速度较估计的要快，使金刚石提早诞生了；而这又可能使生物出现的时间提前。

金刚石真够老的，它比闪耀在天穹的许多星星的年纪还要大！而人类认识金刚石却只有短短的三千年。

看来，金刚石的自然历史还有许多未解的谜待人类去揭示。我们认识它们的时空相对极小——人类和金刚石相识的机缘首先发生在古印度。

钻石文献都说英文的“diamond”一词源于希腊文字“adamas（不可征服）”，但鲜有人知此希腊词源于梵文“Vajra（坚定不移）”；且在派生出英文词之前许久，中国就有了“金刚钻”的称呼了。印度的第一粒金刚石被发现的年代尚乏精确的考据，传说可追溯至五千年许，比较可信的时间大约在三千年前左右，比佛教的兴起还要早两、三百年。它无比坚硬，闪耀着那么绚丽的光辉，还能抵御酸碱腐蚀，人们把对它的崇敬上升为对法力无边的神灵的膜拜。最早的金刚石文字记载出在2300年前，即纪元前四世纪，古印度摩羯托国的孔雀王朝已基本统一印度全境之时。王朝高祖“月护王”旃陀罗笈多（前321—前297）的大臣阇那迦（Kautiliya）在梵文手稿《政事论·利论》一书里最早论及金刚石，书里把它称作“Vajra”，即“坚定不移”之谓（按：汉译为“金刚”）。那时，孔雀王朝的都城“王舍城”是佛教中心，寺庙里供奉着“大雄”释迦牟尼佛和许多神佛。金刚石成了信徒们装饰佛像的最亮丽的宝物。“大雄”是梵文“摩珂毗罗”的意译，“摩珂毗罗”就是说释迦牟尼佛“一切大无畏”，像金刚石一样。我们常见的“大雄宝殿”即源于此。

佛教在西汉末期传入中国，东汉明帝约在公元 60 年派蔡愔赴印求佛法，归来建寺译经。但金刚石和佛教一起传入的年代，最可能在西晋。晋安帝隆安二年（公元 398 年），高僧法显一众六人自西域入印度，习戒律梵语长达三年，归国时极可能带回小粒金刚钻俾作补瓷用途。与此同时，天竺高僧鸠摩罗什亦已定居关中为后秦国国师，译《金刚经》。神物“金刚石”在从西汉至西晋（约 1900—1500 多年前）长达三四百年的期间内，都有可能与佛教一起自印度传入。汉朝人或者晋朝人见这宝石钻能透比铁还硬的瓷器，仿佛大力神一般，便又把它称作“金刚钻”。

印度金刚石产地的卡久拉荷神庙

希腊知晓金刚石“不可征服（adamas）”的特性，渊源也来自印度。因为马其顿王国的亚历山大皇帝曾在孔雀王朝时代入侵过印度西北，而希腊当时正处于马其顿统治下。据说亚历山大和月护王在战场上有过照面，公元前327年马其顿军队被月护王赶走时把一颗印度钻石弄回到希腊——西方第一粒金刚石。希腊人在很长的时间里把钻石称作"上帝的眼泪"，而随后征服了马其顿并占领希腊的罗马人则说钻石是来自天上星星的碎片。这些只能算是钻石古代史的花絮了。

金刚石抑或钻石（Diamond），在西文宝石学文献里常被径称作"Stone"，而钻石一旦经过打磨，就常被称作"Gem"或"Gemstone"以示区别。

2 金刚母岩金伯利 山谷海底冲积滩

现在我们要回过头说清楚，年龄如许之老的金刚石，它们栖身在何处？又是怎样来到了人间？

最老的金刚石是与地壳冷凝同时生成的，但还有年龄在10亿岁左右的金刚石，其生成始末就要用地球板块学回答了。譬如印度的戈尔康达矿山（或称"宝山"）所产的著名金刚石"希望"（Hope），经科学测定便只有10亿岁。原来，古地中海板块当时下降，以每年10厘米的速度从下面拱抬印度次大陆板块，这两大板块的碰撞虽然速率缓慢，产生的力量却大得无法想象，终于使地壳发生二次生成一般的剧烈变动，不仅形成了喜马拉雅造山运动，并诱发火山喷发，地层

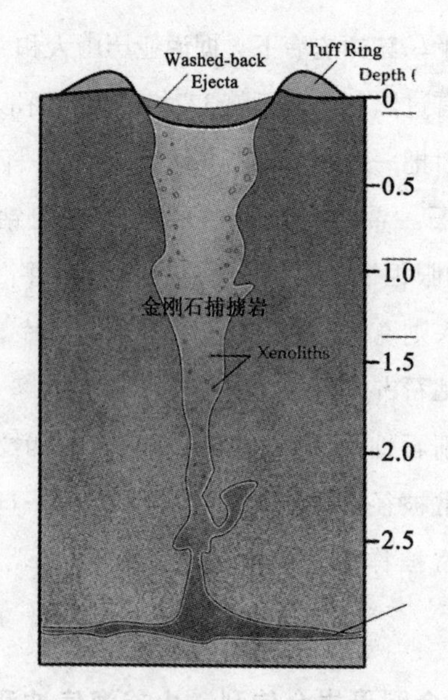

金伯利火山岩筒原理图

被包裹在捕掳岩中的金刚石

断裂，混沌重开，所产生的高压高温条件终于又催生了新一代金刚石！各种年龄的金刚石结晶，都与多种凝岩成分相依存，躲藏于地底达亿万年之久。此后每逢火山喷发，含有钻石的岩浆会随熔岩流冲至地壳上层，形成仍处地下的深浅不一的火山岩矿田。金刚石只存在于火山岩筒中的“捕掳岩”中。典型的金刚石岩筒的构成乃是具斑状结构或角砾状构造的火山云母橄榄岩，因为这种岩石最早于1902年在南非的金伯利被发现，地质学家即以发源地命名。之后在世界各地发现的相同火山岩岩层，都通称之为“金伯利岩”。金伯利岩中不一定都有金刚石，但金刚石一定产在金伯利岩中。有的资料把“榴辉岩”、“美铝榴石”等金伯利岩的原生矿物流离于“金伯利岩”之外，似乎不严谨。除了古印度、南非，还有俄罗斯、中非、西非、加拿大、澳大利亚等国家或地区都有大量的金伯利矿藏。较晚，在美国阿肯色州和我们中国的许多地方，也已发现了“金伯利岩”。

可是人们最早发现的金刚石，是直接俯首拾得的呀！原来，地表经亿万年风雨腐蚀或地震破坏，埋藏较浅的金刚石就露出了地面。经过千百万年的自然沧桑，它们中的许多被各种自然力搬迁而远离了它们的出生地，人们常常在遥远的山谷、河流、甚至海洋里发现它们。如果它们富集在一个较集中的范围内，就形成“冲积矿”。巴西、南非发现的第一粒金刚石，以及我国的“常林钻石”，就都是在河滩、山坡上发现的。这样的神奇故事，直到现在也常会发生。

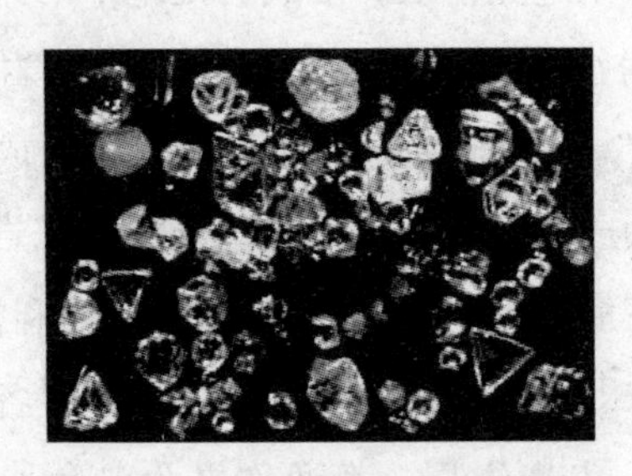

并非出自钻石谷而是冲积滩的钻石

“钻石谷”在哪里？

公元8世纪时，波斯萨桑王朝出过一本奇书《天方夜谭》，书里的侠女讲给荒诞的波斯国王听的一千零一个故事中，有一则讲的就是“钻石谷”。由于古代波斯曾无数次与印度发生过战争，波斯人当然劫走过许多钻石。这让他们对出产宝石的山谷充满憧憬。《天方夜谭》就产生在这样的背景下。在“辛巴达的第二次探险”一节中，水手辛巴达被一只大鹏鸟从巴士拉托起，着陆在那日夜向往的绝壁山谷。谷底满布着地毯般的钻石。商人们慕名而来却无法下到幽深的谷底，便向谷底投放大块牛羊肉，期望有大鸟从谷底叼着沾满钻石的肉块飞回巢穴，供商人们收获。辛巴达乃系骑着大鹏而来，便将一大片钻石肉绑在大鹏背上，获取宝贝返回巴格达而发了大财。这则“钻石谷”故事，在14至18世纪期间曾实实在在地感染了许多欧洲探险家和投机商，纷纷来到印度和远东的婆罗洲，以图实现他们的钻石发财梦。其中还真有幸运儿，譬如法国的珠宝商兼旅行家塔沃尼。

我们且来看一看金刚石“老顽童”与人类邂逅相遇的真实故事：

19世纪中叶，一桩不是神话的神话发生在南非——

含金刚石的河滩砾石层

1866年的一天，家住霍普顿附近的十五岁放羊娃伊拉兹马斯·雅各布斯（Erasmus Jacobs），在奥伦治河的南岸放牧他心爱的羊群。羊儿自在地在岸上啃食着青草，雅各布斯则下到河滩里，捡起小石头投向河水，看着那荡漾的水花取乐。突然，他被一颗发光的小石头吸引了。鬼使神差，他拾起这粒石头后没有把它投向河水，而是揣到了口袋里。牧羊归来，他不经意地将这块小卵石扔在墙角里，再也没想它。每天，他仍旧驱赶着羊群去河边，不知道“财神”正在眷顾着他。几天后，他的邻居——农场主范雷克——来到家里，这范雷克是一位收集奇石的草根专家，他一眼就瞅见了这颗闪闪发光的小石头。于是幸运与雅各布斯擦肩而过了，因为他毫不心疼地将小石头送给了范雷克；范雷克郑重地将石头托付给货郎约翰·奥莱利（John O'Reilly），后者把石头装在一个未封口的信封里寄给了住在开普殖民地格拉罕镇的 W.G. 亚瑟斯顿博士（Dr W. G. Atherstone）。亚瑟斯顿博士是位矿物学专家，经他鉴定，这颗石头原来是颗重 21.25 克拉的褐黄色钻石。钻石以 1500 英镑卖给了菲利普·沃德豪斯（Phillip Wodehouse），在 1867 年的巴黎博览会上展出后轰动世界，南非钻石从此开创出神话般的世界。虽然放羊娃雅各布斯再也没找到另外的钻石，可范雷克是幸运的。稍后粗钻被切磨成重 10.73 克拉（2.15 克）的宝石，取名曰“交响诗钻石（Eureka Diamond）”至今。

交响诗钻石

20 世纪上半叶，中国山东的“金鸡钻石”引发的一桩惨案——

火山活动全世界都有，咱们中国也发生过的呀，会不会也有金刚石呢！也许中国几千年用于补瓷的金刚钻，不排除其中也有“国产货”；但中国人对金刚钻的宝石用途，却是在民国之后才有认识的。于是，意外地捡拾到金刚石的事儿，也就在许多地方出现了。我们在这里先说说山东“金鸡钻石”的悲惨故事：

那是在南非的放羊娃雅各布斯发现南非的第一颗钻石 70 年之后，在钻石领域一直默无声息的中国，却发现了一颗重达 281.25 克拉的巨大天然金刚石。那是 1937 年秋天，山东临沂的郯城有个叫罗佃邦的农民，在莫疃村金鸡岭的自家田地里收获庄稼时，从田埂的草沟内发现了一块亮石头。或许是因为这地方的人对金刚钻早有认识，阅历丰富的老农罗佃邦准确地做出了判断。他没想瞒乡亲们，发现大金刚石的消息立即不胫而走。钻石在金鸡岭上发现，有好事者顺口将其呼之为“金鸡钻石”。远在上海做生意的一位叫王善新的老乡，得讯赶回家乡，想用田地、耕牛和农具交换老罗的钻石而未果。到 1938 年，日寇占领山东，邻庄的朱氏兄弟投靠鬼子当了汉奸。这对狗兄弟对罗佃邦的钻石早怀觊觎不轨之心，此时便仗势抓捕罗佃邦索要钻石。罗家万般无奈，被迫交出钻石，没料俩汉奸为防风声走露，竟然杀人灭口。螳螂捕蝉黄雀在后，伪警察局长李学俭得讯而再度杀人越货。当时驻临沂的日军头目川本得到密报，旋即从李学俭手中抢走钻石，那伪警局长从此也从人间消失了。这几个汉奸是咎由自取，可惜了中国的第一枚大金刚钻。据信，是日本皇室窃据了这枚“金鸡钻石”。

中国发现的第一颗有据可查的钻石，就这样引发了一系列悲剧。

上面所说的“交响诗钻石”和“金鸡钻石”，都来自冲积型矿源。这种矿是由蹦出地表的钻石被水流冲到河床和海滩而富集，所形成的具备开采价值的“冲积矿床（Alluvial Mining）”。河床砂矿的开采相对容易，而在海滩上开采就较难了，需要构筑挡浪墙，用推土机除去数十米深的表面覆盖砂层而到达蕴含金刚石的含钻层表面（diamond bearing level），然后挖取含钻土，运至筛分厂筛选。海上开采以西非的纳米比亚为先行——这个国家与南非以盛产金刚石的奥兰治河为界。

河床砂矿开采

海滩及浅海的砂矿开采

3 矿井深处卡里南　矿渣堆里艾克瑟

前面我们叙述了冲积矿田开采，下面要说说投资极大而收获丰盛的矿井开采所带来的奇迹。矿井开采初期是大范围的露天开采，而后深入地下实行井筒挖掘。中世纪的矿井开采极具血腥，现代采用创新的先进技术，钻石渐渐“文明”多了。

冲积钻矿里出产的钻石虽然也不乏百克拉以上的大钻石（尤以印度的古钻石为最），但世界上排行前几名的巨钻却都是出自地壳深处的金伯利矿井。其中最富传奇色彩的要数“卡里南钻石（Cullinan）”和“艾克瑟尔索钻石（Excelsior）”。前者从深达数百米矿井的井壁上抠出，后者则是在矿渣铲下发现的。

用小刀从矿井壁上抠下来的天字第一号大钻石

那是在 1905 年的 1 月 26 日清晨，霞光万道照耀着南非的“金伯利矿山”（Cullinan Mine）亦即“首相矿山”（Premier Mine）。矿工托马斯·埃文·鲍

金伯利矿山（Cullinan Mine）

威尔（Thomas Evan Powell）干完夜班上到井面，把一颗大钻石交到井面经理、监工弗雷德里克·威尔斯（Frederick Wells）的手中。监工威尔斯把钻石交上去得到了奖励，这枚大钻石即以金伯利矿山主人托马斯·卡里南（Thomas Cullinan）的姓氏命名为“卡里南钻石”。

另外一种说法把钻石发现之功完全归于监工威尔斯。说是在当日清晨，矿山井面经理弗雷德里克·威尔斯开始他的例行巡逻检查。威尔斯一眼捕捉到井壁上有一块闪闪发光的东西。那玩意儿离井面只有9米之遥，他寻思那不过是块碎玻璃，是谁恶作剧插在那儿作弄人的，便从口袋里掏出小折刀，将那发光的东西抠了出来，拿到手里一看——哇，沉甸甸的原来是块拳头大的结晶！一称重量，将及一磅半；再量尺寸，约莫有5.25英寸宽、3.13英寸高、4.63英寸（合13.3×7.95×11.7厘米）。这是矿山破天荒的大喜事，威尔斯不敢怠慢，立即飞快奔往矿山中心，将结晶体送交鉴定。结果是，这颗后来被命名为“卡里南”的大钻石，属无色纯净的宝石级钻石。它重达3，106克拉，超过当时世界上已发现的最大钻石两倍。德兰士瓦当局以15万英镑将其买走，由德兰士瓦总督路易·博塔于1907年送给英王爱德华7世作其生日贺礼。

监工威尔斯

卡里南钻石原石

巨钻到底是矿工鲍威尔抑或监工威尔斯从井壁上抠下来的？两种资料并存，没有定论。据说威尔斯得到了丰厚奖赏。问题是，钻石是从早已处理过的井壁上取得的，就是说它本已累月经年地被遗漏了。假如它的外表上蒙有一层薄泥而不闪光，说不定直到现在它还会停在老位置上。多么幸运呀，卡里南！

威廉·克鲁科斯爵士（Sir William Crookes）负责鉴定卡里南钻石时，他的小组对这颗钻石的一个光滑平面备费思索，认为这是在岩层中遭遇自然力切割所致。如果真的是这样，那另一半在哪里呢？这个悬念一直牵着几代人的心，终于在百年后得到了解答。

百年后现身的卡里南兄弟——“遗产钻石”

那是在2009年9月24日，佩特拉钻石公司于在南非原首相矿（即卡里南钻石矿）开采出重达507.5克拉的巨钻。当初卡里南钻石问世时，就怀疑它还有被自然力劈裂的另一半。这个谜云始终萦绕在“首相矿山”的上空。这粒新钻石拿到专家手里，一看那色泽、纹理，以及几可贴配的光滑平面分析，不正是百年来在寻找的“卡里南兄弟”么？鉴定确认该钻是从原“卡里南钻石”上自然劈裂出来的，故没有另外命名，而径称之为“卡里南遗产钻石”（Cullinan Heritage diamond）。该钻色度和明晰度均超一流，是已发现的21颗质量最好的原钻之一。2010年2月，该重507.5克拉的白钻被香港“周大福珠宝公司”以3530万美元收购，创下粗钻每克拉达7万美元的销售天价纪录。南非佩特拉公司将用销售所得发展矿山地铁，俾使钻石产量从目前的年产100万克拉增至2019年的300万克拉以上。*（按：此钻重量初报509克拉。*

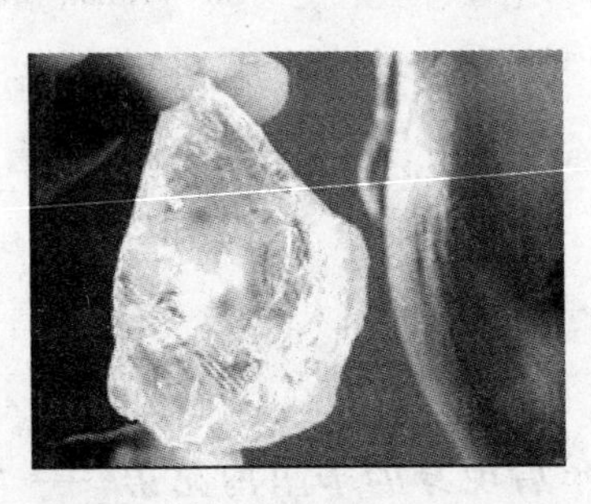

卡里南遗产钻石售重507.5克拉

个别资料报此钻重1500克拉，并言之凿凿地说“要是‘卡利南’没有裂开的话，其总重量应在4606克拉以上”，显误——除非此钻售前已被劈为两半！）

矿工绕过监工直接交给老板的“艾克瑟尔索钻石”（Excelsior Diamond）

卡里南钻石问世以前世界最大的钻石名叫“艾克瑟尔索”（*Excelsior*），重达971克拉，发现于南非的“亚格斯丰坦钻矿”。此钻也是一名矿工发现的，比起“卡里南钻石”的发现过程来，它具有别一番戏剧性：1893年6月30日傍晚，一名非洲黑人矿工在装矿渣车时，随着铁铲的翻飞，一颗发亮石头的闪光飕地映入了他的眼帘。他急忙捡起仔细一瞧，竟是一枚极大的钻石！这矿工很机灵，他见监工头恰好站在远处，便避开监工头直接把钻石交到了矿山经理手中。少去了一层中间盘剥，于是他得到了500英镑奖励，外加一匹鞍鞯齐备的好马。这是颗蓝白色钻石，纹理清晰，品质上承，具备“亚格斯丰坦矿”上好钻石的特征。坯石的形状不平常：一边有点儿像一块黑面包，上升至顶端后的另一边却异常平坦，像被刨过的“细

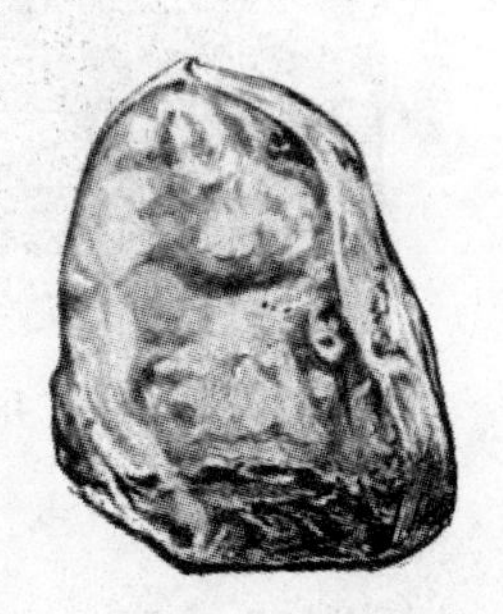

艾克瑟尔索钻石

刨花”（Excelsior）似的。而“Excelsior”（英语读作‘艾克瑟尔索’）即“细刨花”，这个词又有着

亚格斯丰坦矿井（Jagersfontein Mine）

“精益求精”之意，这似乎就是钻石被命名为“艾克瑟尔索”（意为*不断向上*）的灵感来源。其内部有一些钻坯常见的黑斑，通过切割打磨便会消除。切割工作由著名工匠 A. 阿斯彻尔担纲，他的工作小组经过反复琢磨，决定把它劈成 10 块，结果是先劈成了分别重 158、147 和 130 克拉的三大块。成钻工序在亨利·柯依的监督下进行，却只生产出从 70 克拉至 1 克拉不等的 21 颗宝石，总重只有 373. 75 克拉；这意味着损失了 63% 的原石重量！对于如此空前的结果，最后的解释说是“比所有预期的结果要好”。

再要发现卡里南和艾克瑟尔索那样的大钻石的

概率太小，也许今后一千年甚至更久都不会再有。这样巨大的钻石如果被保存在它们的原始状态，对子孙后代将是适当的。否则，他们将只能借助于阅读虚构的甚至错误的远古记载。近来，德比公司前总经理阿尔芬·F. 威廉姆斯在他的《美梦成真》(Some Dreams Come True) 一书中说："将如此精致的大钻石这样劈成碎块是不可原谅的，若许大的宝石仅只劈成70克拉重。""作出将艾克瑟尔索这样的大钻石劈裂成许多小碎块，在著名钻石的历史上是一桩现代大悲剧!"他认为这是受利润驱使而破坏了钻石自身的历史文化。也许，克里姆林宫设立钻石基金用于保藏他们的大钻石的方法值得效法，比如1980年发现的"苏共25大"(XXVI Congress of CPSU) 钻石重342.50克拉，1989年发现的"普希金"(Alexander Pushkin) 钻石重320.65克拉，都被保存在原石状态。人们可在浏览巨钻时领略到钻石的自然历史。

你看，上面叙及的世界上最大的一些钻石，都说它们重多少多少"克拉"，譬如说"卡里南"重3106克拉，"普希金"重320.65克拉等。我们就在这里插进一段讲述克拉故事的文字——

楔子一：问克拉何物　立规矩行事

一颗钻石在被发现之时，首先抓住人心的是它的大小和重量，在钻石术语中就是问它的克拉重。

再就是看它是什么颜色，是否透明如水，等等。至于如何加工，古代钻石一时是无法讲究的——它太硬了，啃不动它呀。钻石史进入到中、近代，钻石学问深了，便有了钻石的“四个C”的行话。所谓“四个C”，指的乃是钻石的四项指标：“克拉数”（carat）、“颜色”（color）、“透明度”（carity）和“加工”（cut）。这四个英文词都以C开头，所以简称为“四个C”。四个C中，以“克拉”历史最久。

“克拉”是英语“carat”一词的音译，来源于希腊语“keration”。这个单词的原意是“角豆树的种子”。古代在交易钻石时，没有适当的微量称重设备，就用角豆树的种子代替砝码去称钻石有多重，一颗种子就是一克拉，于是“克拉”就变成钻石的计量单位了。

角豆树的种子怎么能有如此神奇的功能让商人们放心呢？

原来，这种又称“卡罗布树”（Ceratonia siliqua）的角豆树（the carob），是原产地中海地区的豆科属的常绿乔木，在印度和中东等亚热带地区广有栽培。所结长荚的荚肉微带甜味，可用作饲料，

角豆树和它结的长荚果

人亦可食用。圣经里说圣约翰在荒野施洗礼时食用过它，所以有个俗名叫“约翰面包”。卡罗布豆的成熟种子名叫“克拉”，有个奇妙的特点：每颗重量均等，像小砝码一样。古代印度和中东一带在进行宝石和珍珠交易时，使用克拉种子作天平砝码，相当于一粒种子重的钻石便是“一克拉重”，这种古老的称量单位一直沿用到西方。

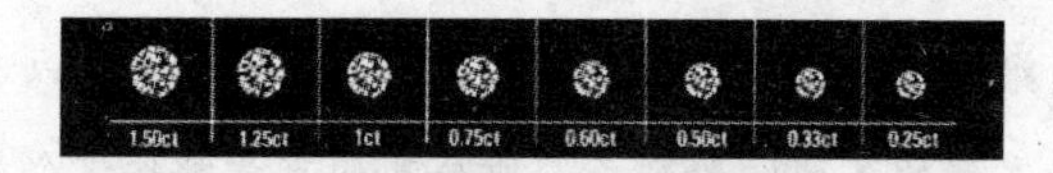

一克拉钻石（左3）的大小跟一粒豌豆差不多，重量为1/5克

但是，来自不同国家的角豆树的种子样品，重量却并非都一样，克拉的数值因此便有了差异，造成了钻石交易上的额外麻烦。于是，欧洲钻石交易

市场最先作出了关于克拉的统一国际制计量标准：1克拉等于205毫克，即与原英制克拉相等。在1913年以前所进行的钻石交易，都是按这个标准进行的。比如《艾克瑟尔索》重970克拉，《koh-i-noor》重790克拉，《卡里南》重3025克拉等，都指的是这种旧克拉。这个按英制克拉制订的标准，很不方便于同公衡制的换算。

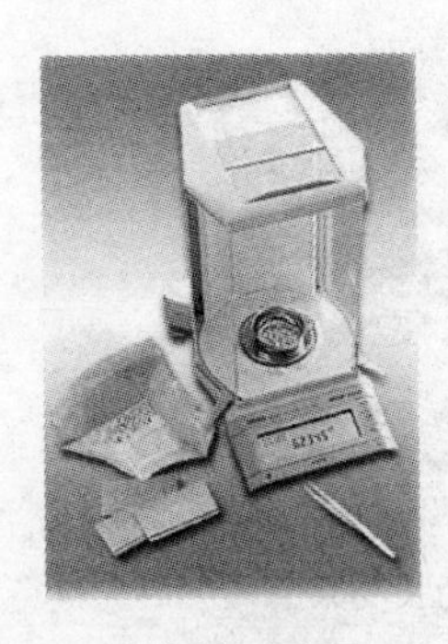

现代钻石磅秤

1907年，在巴黎举行了世界公制会议，正式规定200毫克为1克拉。新规定的克拉只相当于旧克拉的“0.9756”。这个标准在用惯了旧标准的欧洲并未及时得到推行。直至1913年，后起的列强美国率先采用了新计量标准，于是其他国家便也相继跟着实施了。从那时起新进行的钻石交易，以及新发现的各国的金刚石，所公布的重量都按这个标准计量。各国对许多老的名钻也多进行了重新称量或换算。然而，毕竟有若干资料没有改动，所以有的历史名钻便常常有了两种以上的重量记载。譬如《非洲之星》，当时的重量记载是516.5克拉，《卡里南第二》为309.5克拉，这些旧克拉计量至今仍见于若干权威典籍中。

为精确测定钻石的重量，现每一克拉又被分为100个点（pointers）。轻于1克拉者按“点”计量。例如，重0.15克拉的钻石就称作“15点”。钻石定价根据克拉大小和质量双控，两颗钻石的克拉重相同时，质量更好的享有高价位。

试问一克拉钻石到底有多大？

金刚石的比重为3.52，体积1立方厘米的钻石，其重量为17.6克拉。这样，1克拉钻石的体积就有56.8立方毫米了。如果一小粒金刚石宝石的厚度为2毫米，则其面积就可达5.33×5.33平方毫米，相当于直径6毫米的圆纽扣大小。这已经完全可以装缀在戒指或胸针上了。比如《卡里南第五》重18.8克拉，造型是颗比鸽卵还大的心形宝石，镶在维多利亚女王佩戴的胸饰上。在心形宝石的周围，环镶了数颗小钻石，最小的直径才3毫米许。过去有资料说要2克拉以上的金刚石才入“宝石级”，显已过时。不同的首饰匠有不同的艺术构思。特别是在切割和琢磨手段现代化和尖端化的今天，重量只有0.25克拉的完美小颗金刚石，也已经可以入“宝石”大殿，而不再只用作研磨料。

女王胸前的卡里南第五

2001年，最贵重的钻石（每克拉价位）是

0.95 克拉重的嫣红钻石《超人红钻》（Hancock Red），在纽约克里斯蒂拍卖行以 88 万美元（相当于每克拉 92.63 万美元）的高价拍出。此宝石似乎是由文莱苏丹的代表购去的，据说他是世界上收集华贵钻石最多的人之一。

下为按克拉重排列之“世界最大克拉数金刚石一览表”

世界最大克拉数原石金刚石一览表

钻石名称	发现国度	发现年代	克拉重	排行
巴西黑金刚石（Carbonado）	巴西	1840'S	3167	1
卡里南（Cullinan）	南非	1905	3106	2
艾克瑟索尔（Excelsior）	南非	1893	995	3
塞拉利昂之星（Star of Sierra Leon）	塞拉利昂	1972	969.80	4
盖世无双（Incomparable）	扎伊尔	1984	890	5
光之山（Koh-i-noor）	印度	极久远	790	6
大莫卧儿（Great Mogul）	印度	1650	787	7
千禧之星（Millennium Star）	扎伊尔	1990	777	8
沃耶河（Woyie River）	塞拉利昂	1945	770	9

续表

钻石名称	发现国度	发现年代	克拉重	排行
金色五十嘉庆(Golden Jubilee)	南非	1985	755	10
瓦尔加斯总统(President Vargas)	巴西	1938	726.60	11
杨克钻石(Jonker)	南非	1934	726	12
雷兹五十嘉庆(Jubilee-Reitz)	南非	1895	650.80	13
未命名钻石(Unnamed)	南非	1984	620.14	14
塞法杜钻石(Sefadu)	塞拉利昂	1970	620	15
金佰利八面体(Kimberley Octahedral)	南非	1972	616	16
莱索托希望(Lesotho Promise)	莱索托*	2006	603	17
莱索托原钻(*疑与前项为同一颗钻石)	莱索托*	1967	601.25	17'
世纪之星(Centenary)	南非	1986	599	18
克里斯科诺(De Grisogono)	中非		587	19
卡里南遗产	南非	2009	507.5	20
Lets'eng Legacy	莱索托	2007	493	21

续表

钻石名称	发现国度	发现年代	克拉重	排行
雅各布(Jacob-Victoria)	南非	1884	457.50	22
扎勒和平之光(Zale light of peace)	塞拉利昂	1969	435	23
德比尔斯 De Beers	南非	1888	428.50	24
尼阿乔斯 Niarchos	南非	1954	426.50	25
印度古钻(皮特钻石亦即摄政王钻石)	印度	1698	410	26
雅各布钻石(Jacob Diamond)	印度	16—17世纪	400	27
西藏扎布伦寺强巴佛佛像镶钻(待核)	(印度)	待查	395.11	(28*)
南非某钻	南非	1978	353.9	29
苏共25大(XXVI Congress of CPSU)	俄罗斯	1980	342.50	30
阿格拉钻石之一	印度	1650前	330	31
普希金(Alexander Pushkin)	俄罗斯	1989	320.65	32

三

印度名钻——流向何方

1　印度古钻供全球　金刚彩色缘八方

在钻石人文历史中，印度的钻矿从古代起一直供应着西方对钻石的无尽追求。经过几百上千年的消耗，其钻石资源已基本枯竭，近代始转而发展钻石加工。古印度是以佛教立国的，但自 13 世纪的“奴隶王朝开始”，直到 19 世纪莫卧儿王朝覆灭沦为英国殖民地为止，印度却主要是在各伊斯兰王朝的统治下；钻石也就不再是神佛和寺庙的神圣供物，而是入了王公贵族的“珠宝库”，也成了商人牟取暴利的资源。这与波斯、土耳其直至西方列强对钻石无止境的搜求欲望内外相通，使得印度的历史名钻在中世纪末几乎流失殆尽。

西方掠夺印度钻石的贸易通道，古时是沿“丝绸之路”经波斯向欧洲。由于波斯乘机大发过路财，西方首先是葡萄牙人开辟出经好望角至印度果阿的海上通道。从此，印度钻石就更方便地源源不断流向西方了。

印度钻石在宝石学分类中属“古金刚石”。印度古代最著名的矿山是位于海德拉巴王国的“戈尔康达”（Golconda）——“宝山”。

印度早期所产金刚石毫无例外地都用于文化建筑和宗教寺庙，许多钻石曾被镶嵌在佛像的眉宇间或眼睛上。

印度的古代文献中记载有金刚石的八个起始“文物发祥地”，且每个发祥地都与该地出产的独特钻石颜色相匹配。印度钻石的标型特征主要有：一是彩色钻石的种类丰富，极具特色的绿色金刚石很多，这种绿色是在地层中受自然辐射而形成的，具有不同的色调和强度，在琢磨中不褪色；二是质量高，宝石级金刚石占65%～70%，以无色透明或像清水一般的浅蓝色金刚石为代表；三是金刚石粒度的大小相差悬殊，整体看其晶体平均重量不大（约0.6克拉），但却又发现了许多重达数百克拉的宝石巨钻。印度出的一百克拉以上的历史名钻至少有8颗之多，在全球钻石史上占有极其夺目的地位。例如，“莫卧儿大帝”（Great Mogul）重787克拉；“光之山”（Koh-i-noor）钻石重达790克拉；“奥尔罗夫”（Orloff）重194.35克拉；“光之海”（Darya-i-Nur/Sea of Light）重186克拉；“摄政王”（The Regent）重137克拉；重115.28克拉的塔沃尼蓝钻（后之“希望”）等。还有未名某钻重410克拉，另一颗重量达330克拉，均发现于1526年以前，是莫卧儿王朝立国之初得到的。时至今日，这些印度名钻除极个别外，保持在百克拉状态的几已全部消失，只有带悲剧性的传奇故事几百年来依然长久脍炙人口。

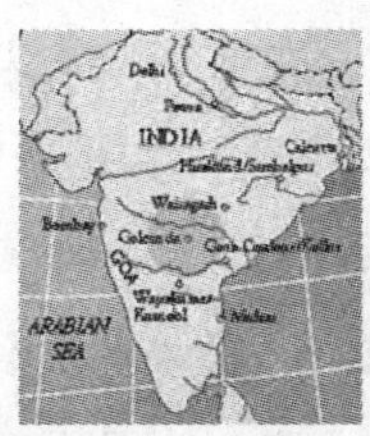

戈尔康达钻矿位于海德拉巴古王国，奴隶矿工开采钻石历史悠久

楔子二：钻石五彩色　结晶两弟兄

金刚石之所以成为地球上最坚硬物质，那是因为它的原子晶体结构特征。这种晶体结构同时决定了钻石四 C 中的“颜色”和“透明度”。典型的钻石晶体——金刚石的本色——是无色透明的。个中缘由，需探黑炭奥秘：

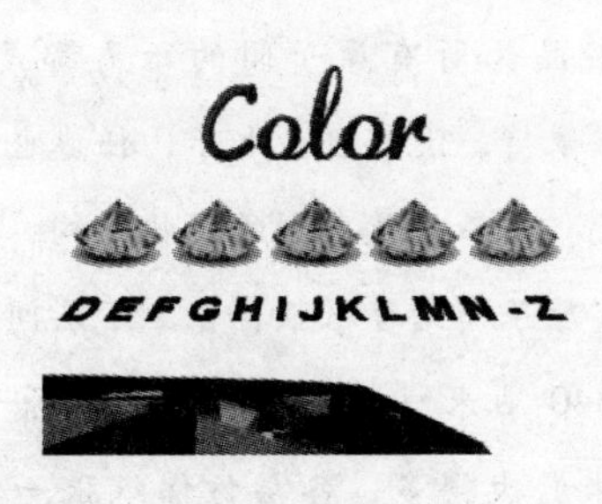

在中世纪的欧洲，有一天，佛罗伦萨的几位教士把一粒钻石放在教堂前的广场地上，钻石在炽烈的太阳下闪闪发光。他们预先把量杯悬在钻石顶上等着，随即用高倍放大镜聚焦太阳投到钻石身上。突然，钻石在炫目的白光中烧了起来，化作一缕青烟钻进了量杯里。教士们拿回试验室一做化学实验，你猜怎么着？瓶子里的青烟原来是二氧化碳！漂亮的金刚石原来竟是黑不溜秋的碳！进一步的试验还证明，金刚石的碳原子晶格竟和石墨的碳原子晶格是一样的，都呈正六边形！它们是一个妈生下来的两个儿子！金刚石体格天生强壮，而石墨却是个“软骨病”患者。这两兄弟的晶格结构中的每个碳原子都通过杂化轨道（所谓 SP3 轨道）与相邻的碳原子形成共价键，彼此由共价键互相连接。不同的是：（1）金刚石的每个碳原子都与另外 4 个碳原子按四面体格局以共价键相连，所形成的“六边形”是立体状的，各个六面体组成无限的蜂巢形三维骨架；而石墨的每个碳原子则只与另外 3 个碳原子以共价键相连，它的六边形是平面结构。（2）金刚石晶体所有原子间的距离都是相等的，原子间互相依持，没有自由电子，任谁也别想把它们单独分开。而石墨是典型的层状结构，在同一平面层上的碳原子间结合很强，但上下层间的碳原子距离为 0.340 纳米（nm），比同层碳原子的距离（0.142 纳米）大得多，各层仿佛纸张一样地叠在一起，非常容易滑动。

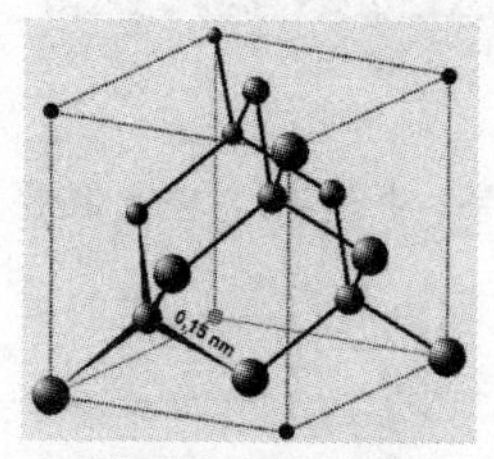

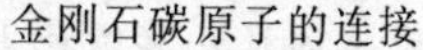
金刚石碳原子的连接

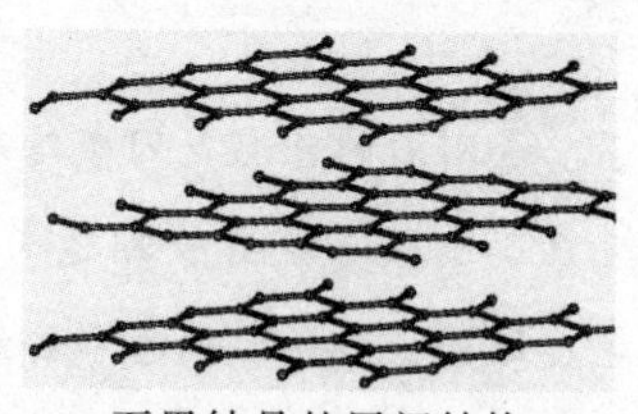
石墨结晶的层间结构

钻石晶体就像全由六角形的空窗组成的房子，任由光线在各个角度的窗户折射下通过，曲折而平行，全然无色而成其为白钻。

颜色（Colour）：金刚石既然是洁白透明的，缤纷的七彩又是怎么回事呢？原来那是它种微量元素入侵的异化结果，这种异化不仅不削减金刚石的天生丽质，而且愈添风采，就好比美丽少女眉间的朱砂痣胎记、双颊上荡漾的小酒窝。

色彩的分等遵从美国宝石学会制定的复杂国际分级标准。标准结晶的金刚石是无色透明的，白钻越接近于无色，其价位就越高。白钻分级从字母 D 到 Z，D、E、F 表示为颜色完美，色域直到 L；微带浅黄的色度从 M 到 Z。字母 A、B 和 C 不用——珠宝店老板所用的宝石标准，所以被 GIA 从分级表中分离出去了。

颜色奇特的彩色钻石则需用专门的色度计衡

量。金刚石的色彩是因碳结晶体中侵入了其他微量元素，或在地层中长期遭天然辐射所致。诸如黄色、绿色、蓝色、褐色和粉红色等，不一而足。红色或紫色及其混合色最珍贵，天然的蓝色和绿色非常稀有。原本纯净无色的金刚石变了模样，是与其晶体结构和它们所处环境条件相依存的。科学家们为了弄清真相，很是花费了长期努力。

白钻传奇："摄政王钻石（Regent Diamond）"的故事

印度出的历史名钻中，有一颗"摄政王钻石（Regent Diamond）"，被宝石界认为是世界最完美的白钻之一。

这枚白钻是一名印度矿工于1689年在戈尔康达矿山发现的。这个矿工不甘"贱民"*（所谓"贱民"是印度种姓制度中最低等之"不可接触者"。）*苦役，发现钻石激起了他换取自由的希望，于是采取自残措施，趁着无人空档举起铁镐向自己的大腿猛击，血流如注中，他忍痛把钻石藏在伤口深处，再用树叶包扎伤口予以遮掩。出去养好伤后，他伺机逃到了马德拉斯，找到一个英国海轮船长，要求协助出卖钻石并许以五五分成。船长见到巨钻万分狂喜，占有欲驱使这个船长把那印度矿工骗上了船，当天深夜这个船长便丧心病狂地杀死了此钻的第一个所有人，窃走钻石后卖给了印度商人*加姆蠢得*（Jamchund）。1701年，此印商与极想获得一枚大钻的马德拉斯总督托马斯·皮特（Thomas Pitt）交易，初索价20万帕嘎（Paga. 印度古币名），皮特嫌太贵，经数月谈判，最后皮特以48000帕嘎、合10400英镑（一说为20400英镑）从商人手中购入，钻石也就有了"皮特钻石（Pitt Diamond）"的名字。皮特自拥有巨钻之日起，即陷入害怕钻石被盗的恐惧之中，从不敢预先公布出巡的市镇，也决不连续两夜在同一房间里睡觉。他的神经兮兮曾遭到诗人蒲伯的讽刺。1717年他委托苏格兰金融家罗尔（Law）以13万英镑另加佣金5000英镑的高价将钻石卖给了年轻的法国摄政王奥尔良大公（Duke of Orleans）。法国当时国库空虚，不得不用皇室珠宝作抵押。至此，这枚重410克拉的"欧洲第一大钻"便被称之为"摄政王钻石"了。两年后，粗钻被琢磨抛光成重140.5克拉（一说136.88克拉）的垫形宝石，镶在路易十四加冕时的王冠上。法国大革命时曾遭盗窃，辗转到柏林后被拿破仑买回。1940年希特勒攻占巴黎时，钻石藏在一个壁炉的护墙板中而幸免。

总督钻石（Regent Diamond）目前陈列在罗浮宫中。当初粗钻"像一个大李子般大小"，现今成钻尺度为30×29×19mm。

黄色（Yellow）：

金刚石在结晶过程中被微量氮元素侵入而与之相结合时，结合体中便又有了一颗过剩的电子。这个过剩的电子吸收蓝光，因此钻石呈现出黄色。黄色金刚石也会在出现三氮聚合物而引起剩余结合时。黄色钻石的色度范围可从浅黄到艳丽的鲜黄色。

金眼钻石（Golden Eye Diamond）（下图）是一颗淡黄色钻石（Canary Yellow），重43.5克拉，被称为“世界10大顶级钻石”之一。它太完美而独特，以致无法对它确切估价。非正式估价达2000万美元。最初发现于南非金伯利，现归俄亥俄州联邦所有。氮元素的微量侵入是此钻呈现黄金色的原因。内部完美无瑕的黄钻在所有天然形成的钻石中所占比率少于0.1%，所以金眼钻石极为珍稀。

GIA和EGL-USA对天然黄钻的分级描述为：

鲜彩黄（Fancy Vivid Yellow）；极鲜彩黄（Fancy Intense Yellow）；金黄（Fancy Yellow）；浅金黄色（Light Fancy Yellow）。鉴定彩钻的色度级别时，使用基准比色计对照。

黄钻传奇：弄巧成拙又启迪新规的“迪普戴纳（Deepdene）”黄钻

此钻的最早拥有者是一个名叫卡利·伯克的人，钻石得名于妻子迪普戴纳，当时本钻重104.88克拉。伯克于1954年将此钻卖给*纽约珠宝商哈里·温斯顿*，多年后当温斯顿要将此钻出手时，惹出了一桩著名的钻石丑闻，波及了一家伦敦公司及某位德国买主。

事情发生在1971年5月27日，日内瓦克里斯蒂拍卖行提供了一颗垫式金黄色钻石给准买家，那就是之后称之为“迪普戴纳”（Deepdene）的硕大黄钻。当时这颗重104.52克拉的宝石以120万美元售出，出售证明标明为VVSI，颜色由德国宝石学会和美因茨大学两家担保为天然金黄色，但真相被蒙蔽了——它的颜色是经辐射形成的。瑞士卢塞恩的顾柏林宝石试验室受委在成交以前检验这颗宝石。爱德华·顾柏林先生凭借科学手段和丰富经验，识别出

"Deepdene" 是一颗人工辐射钻石。重新切磨这颗钻石的是重量由104.88克拉降为104.52克拉，是为了最大可能地消去在伞形底尖上的染色痕迹。

两个尖锐对立的不同结论令拍卖行两难了，可生意还要做，于是一方面拍卖被容许继续进行，"迪普戴纳钻石" 被法国珠宝商范克-亚尔公司（Van Cleef & Arpels）以19万英镑（合46万美元）买下；另一方面则将钻石送往英国伦敦的宝石实验室再度接受检验。实验室主任、宝石学权威巴兹尔·安德森（Basil Anderson）承接了任务，他采用光谱分析法得出了与顾柏林相同的结论。范克-亚尔公司立即退还钻石并取回退款。这颗重104.52克拉的大钻石，随即以"世界上最大的一颗人工辐射彩钻"而臭名昭著。此钻如今下落不明。

老谋深算的温斯顿（此君我们在"希望钻石"一节里还会提及他）这回弄巧成拙了——假如温斯顿不做这种辐射处理，此钻本来也可以在1955年（当时温斯顿打算卖掉它）至1971年的任何时候卖出。而现如今，人工辐射钻石已成为钻石业界公开合法的专门类别了——某些浅色钻石（淡淡粉红、浅浅蓝等）已被容许经人工辐射而成，这种宝石在切割和打磨过程中始终处于低辐射场光照之下，宝石在外部则始终处在黑暗之中。

蓝色（Blue）：

蓝色金刚石十分珍稀，最著名的蓝钻是在钻石人文史上阅历最丰的“希望钻石”，它是金刚石在结晶时期被硼元素侵入晶体结构而形成的。硼吸收红光，使金刚石呈现蓝色。含硼的金刚石体现出电气性能，其本质上是半导体。

氢是另一种可使金刚石变蓝色的杂质，钻石结晶被侵入高数量的氢元素时可形成灰蓝色的金刚石。不过这类金刚石不是半导体。

蓝钻的大范围色度从天蓝色到极深的“钢”彩色范围渐变，其昂贵可看一事例：一颗重7.03克拉的蓝钻在瑞士索斯比拍卖行拍出了949万美元的天价。

绿色（Green）：

绿钻数量较少，因而愈显昂贵。金刚石在地层中长期经受自然辐射（以印度古钻为典型）就会形成美丽的绿钻石，其色度深沉而满布，切磨中不褪色。最知名的绿钻石要数“德累斯顿绿钻”——一颗古老多面体梨形钻，重41克拉（8.2克），它的颜色是自然辐射形成的。

金刚石原子晶格里的碳原子在辐射条件下受到其他微粒（譬如α粒子）的碰撞，脱离其规则位置而导致空缺时引发绿色，若色度渗透不很深（通常至金刚石表面下大约2毫米），往往出现下列三种情况之一：闪射出轻微的淡彩，仿佛游泳池里的碧绿水色；又如一颗青黛色宝石；或以闪烁不定的黄绿色为特征。第一种模式和第二种模式在宝石精加工时漂移不定，甚至隐没绿色而成为白钻，或者呈现出所谓的“银玉米粒（silvery capes）”那样的淡黄色。绿金刚石给人梦幻般的感受。

褐色（Brown）：

褐色意味着金刚石碳原子的规则晶格在地球深处受到剧烈的撞击力而移位，并可能遭受氮元素的入侵，形成像香槟酒以及白兰地那样的褐色金刚石。这种移位结合可以影响光的波长，其中不含杂质。

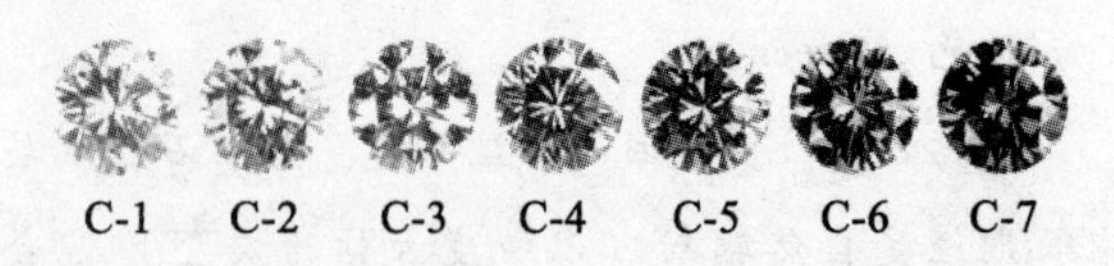

单一褐色钻石的比色刻度尺，共分了7种棕色强度

粉红色（Pink）：

粉红色金刚石可能也是缘于变位、空缺和无氮杂质的组合而形成的，也有相当的色度变幻，非常受欢迎。世界最大的粉红钻石是“光之海”（Darya-i-Nur /Sea of Light），约重182克拉。近来有一颗色彩奇异的粉红钻石，又隐隐闪现出很强烈的般紫色，重28.03克拉，是近期进入市场公开叫卖的最大成钻宝石。它在苏士比拍卖行被炒至700百万美元。

红钻传奇

红钻很稀少，所以常被当作“红宝石”（ruby）。有一颗名叫“狄阳红”（De Young Red）的红钻，重5.03克拉，是波士顿的一位珠宝商人狄阳从跳蚤市场的一顶帽针上获得的。当时他误以为是一颗红石榴石。后来他将其捐赠给了美国自然历史博物馆。此钻是世界第三大的红钻石。红钻老大“穆萨耶夫红钻”（Moussaieff Red），是颗内部完美的红钻石，重5.11克拉，系从重13.90克拉的钻坯上切得，约在2011年卖给穆萨耶夫珠宝公司。红钻老二就叫“红钻石”（Red Diamond），重5.05克拉，祖母绿型切磨钻石。该钻1972年在南非发现，售给私人收藏，如今不知下落这三颗红钻的重量相差极微，其实很难分出伯仲。

有颗《超人红钻》（Hancock Red）也许可体现红钻之珍贵：2001年，这颗0.95克拉重的嫣红色钻石，在纽约克里斯蒂拍卖行竟以88万美元（相当于每克拉92.63万美元）的高价拍出。这当然是投资者的投机行为所致，亦可能是富豪的炫耀之举；不过物以稀为贵，红钻的确太少。据说此石似乎是由文莱苏丹购走的——他是世界上闲钱最多而又热衷于收集华贵钻石的人。

楔子三：立方结晶多形体　内含异物定透明

透明度（Clarity）：

钻石结晶结构的原子呈立方排列，构成的晶体可以是完美的，或边缘不完整的，或长方形的。以全形（euhedral）或正八面体（octahedra）以及孪生八面体（称为双晶）为最常见，其次是菱形十二面体、小斜方截半二十面体、较少见的是立方体。它们有时候会长在一起构成“孪生”双晶。此外，可长成各种复杂形态的聚形或歪晶。晶体形状及其内含物与透明度有非常密切的关系。

金刚石在其生成过程中可能对非结晶的碳和非金刚石结晶的微粒子形成捕捉，这些捕捉物被称作“内含物”而形成各种具有独特性能的钻石品种。包容物不一定能用肉眼分辨，然而它们却能干扰光线透过金刚石晶体的通道。金刚石内含有极少许的内含物有时反而是非常宝贵的，譬如它们会使金刚石具备丰富多彩的颜色；这些内含物的多少和分布也影响着金刚石的第三个“C”——透明度（Clarity）。透明度同样也有着世界统一遵循的国际分级标准。透明度分类按照金刚石内含物的数量、大小和位置而定。分类级别有“完美”以及“内部完美”，含有内含物时则按照

“非常小”（very small)、“小”（small）去描述缺陷。

八面体　六八面体　十二面体　双晶钻石　簇生钻石结晶

内部棕色八面体簇r　立方晶体　八面体黄钻　棕色八面体　绿色钻石结晶

黑色圆粒钻石　立方体钻石结晶　孪生双晶　玫红钻石　淡粉红八面体钻石

四个 C 中还剩下一个“Cut”（加工），我们将在“卡里南”一节里插叙。

2　庄严佛像镶宝钻　亵渎神灵蒙奇冤

上节里我们说道：“印度早期所产金刚石毫无例外地都用于文化建筑和宗教寺庙，许多钻石曾被镶嵌在佛像的前额和眉宇间。”这在以佛教立国的古印度是顺理成章的事。自“孔雀王朝”时代以来的庙宇，由于中世纪印度各派宗教之间的争斗，世俗趋利之使然，导致佛像上的名贵钻石荡然无存，尤其“莫卧儿王朝”时期，佛像镶钻屡屡被窃乃成不争的事实。19 世纪的英国作家科林斯

（1824—1889）在他的《月亮宝石》一书里描述了一颗镶嵌在“月亮神”前额上的像月光一样发亮的钻石，它原本一直由三个婆罗门守卫，神灵并警告说，谁要拿走这颗宝石，必将罹于灾祸。但在18世纪初叶，月亮宝石被一名英国上校抢走了……云云。科林斯生活在一百多年前，距印度佛像宝石遭窃的年代较近，他的书是有真实的生活来源的。上节中的彩钻组图中，有三颗便是来自于传说中被盗窃的佛像镶钻，它们是：法国商人塔沃尼收买内线而谋得的“塔沃尼蓝钻”——即后来被解体成“希望钻石”的原石；一名法国逃兵隐身于僧侣而伺机窃走的“奥尔洛夫钻石”；确凿无疑被窃的“神像之眼”钻石。我们在讲述它们的故事之前，先插叙一粒世界上唯一还嵌在佛像眉宇之间的大钻石——它有可能是在公元七世纪或之后从印度传入西藏的。

《月亮宝石》最早中译本

西藏强巴佛像上镶嵌着重395克拉的巨钻

在中国西藏的日喀则，有一座建于明朝的扎布伦寺（又作扎什伦布寺），寺内的大弥勒殿供着一尊“强巴佛”亦即弥勒佛，佛的眉宇之间镶嵌着的据说是一颗大金刚石。

大弥勒殿内供奉的这尊弥勒佛是世界上最大的铜佛，高26.2米，共用黄铜23万余斤，黄金6700两，佛像的两道修眉内镶嵌有大小钻石、珍珠1400多颗。弥勒是继释迦牟尼后出世的未来佛，宝相庄严一如乃师。九世班禅确吉尼玛于1914年主持铸造的这尊强巴佛，仍循佛教传统铸造，而不是明代以后演化成“大肚能容天下事”的亲昵模样。据称佛的眉宇间镶嵌着名曰“白毫（庵）”的特大钻石1颗，以及蚕头大的钻石32颗。该“白毫（庵）”钻石据说重395.11克拉，可能来自印度。（有的资料说此白毫钻石的直径为3厘米，那就与其克拉重不匹配了。录以存疑。）

强巴佛的眉宇间嵌有一颗钻石

西藏佛教乃系公元7世纪（唐朝年间）由中国内地和印度、尼泊尔同时传入。内地传入大乘教，印度和尼泊尔则传入“密教”，正宗佛教和本地“苯教”融合而成为西藏特有的“喇嘛教”。印度和尼泊尔密教传入西藏时，同时带进那一带出产的金刚石是完全可能的。印度金刚石的八大发祥地中，就有一个是“喜马拉雅山”矿区，钻石颜色以“赤褐色”（copper-colored）为其代表色。如果此钻是在极早年代传入，由历代班禅继承和珍藏至九世班禅，当在情理之中。

西藏日喀则扎布伦寺建于明代

虽然，如此巨钻在国外各种“钻石历史”和不一而足的“最大钻石统计表”中不曾见到，但中国的若干媒体上却有着连篇累牍的报道——只是钻名不确、颜色未知、来源猜度，让人心存疑虑。

神像之眼（the Idol's Eye）钻石的传奇

神像之眼这个名字，一眼就让人能看清它的来源，据说它是从一座印度教寺庙里的佛像眼睛上偷来的。其他相似来源的钻石是“奥尔洛夫”和“希望”。后者不仅出名而且声名狼藉，据说此钻被偷走的寺庙长老赋予过诅咒。神之眼钻石是一颗

16 世纪或者 17 世纪的钻石。戈尔康达附近的科鲁尔矿山（Kollur Mines）在 16 世纪中叶发现了此钻。17 世纪中期该矿生产达到高潮，有 20 家矿山雇佣 60000 名矿奴。神之眼钻石幸运地没有像“希望”那样被赋予诅咒。此钻的造型与神像的眼睛相符，较之其他钻石更合适做这种用途，使人对于钻石来自佛眼的说法更加确信无疑。没有人知道此钻是怎样到了西方的，首先被证实的是此钻于 1865 年 7 月 14 日被拿出在伦敦克里斯蒂拍卖行拍卖销售。钻石重 70.21 克拉，极为珍稀的微蓝白钻，被描述为“一颗光芒四射的大钻石，以神像之眼著称，有 18 颗小钻石在环绕着它”。成功拍得此钻的隐形买主化名“B. B.”。当人们再次听到它的信息时，它已经成为奥斯曼帝国末任苏丹的珠宝收藏品了。第二次世界大战后此钻多次在珠宝商之间易手，先是芝加哥珠宝商哈里·莱文森于 1962 年用 37.5 万美元购进，1979 年又以不会低于 110 万美元的价格卖给伦敦的劳伦斯·格拉夫。1982 年格拉夫将神像之眼连同另两颗著名大钻一起高价卖给了隐姓埋名的同一买主。

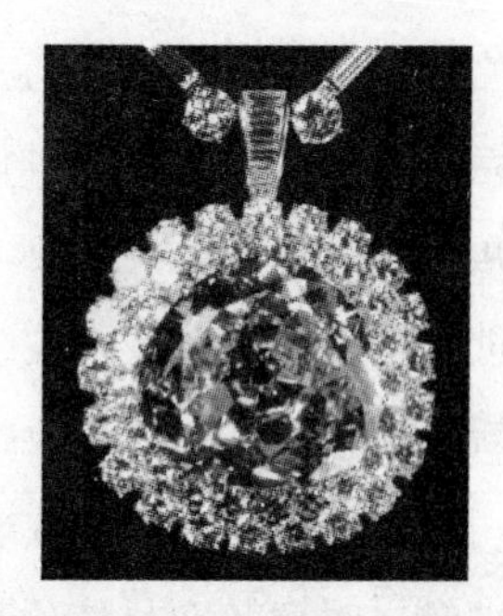

悬在胸挂上的神像之眼

有许多捕风捉影的传说与神像之眼的历史有关。其一说是土耳其苏丹绑架了纳西达荷公主，克什米尔酋长被迫将神像之眼作为赎金救回了女儿；另一则说神像之眼被波斯拉哈伯王子于17世纪早期赔付给东印度公司作为债务赔偿。但波斯历史上没有这样一位拉哈伯王子，而东印度公司也是在之后很久才成立的；最荒诞无稽的是说神像之眼竟装在只信伊斯兰教的利比亚寺庙的神像眼中。这或者是真正的盗钻者故意散布以淆乱视听的烟幕弹。

1074年匈牙利王后王冠上镶有一颗未切割钻石

3 莫卧儿王朝频征伐 阿格拉钻石屡遭劫

早期印度这些金刚石来自“八大发祥地”：沿着维拉河（韦英干加河）发现的是纯白无色的(pure)；来自喜马拉雅山地区的属“赤褐色”(copper-colored)；来自卡林加的是金黄色（brilliant gold)；来自乔萨罗的是“素雅的车前草花

色”；来自麻坦加的是小麦黄色；来自彭德拉的是“深灰蓝色”；来自萨瓦斯若的是“浅铜黄色”；来自塑帕拉的是“紫貂毛色”。本来印度金刚石毫无例外地都用于文化建筑和宗教寺庙。但到16世纪，即在莫卧儿王朝建立前后，各派宗教争斗不已，印度钻石变成了大大小小的王公贵族的私藏物。其中集收罗钻石珠宝之大成者，是“阿格拉”王公。著名的“阿格拉宝物——比纳利兹铁箱”内据云藏有143颗上等钻石，包括一颗“世界第二大钻”……

莫卧儿二世胡马雍获得了一颗重330克拉的阿格拉大钻石

16世纪，莫卧儿王朝的开国皇帝扎希尔·穆罕默德在统一四分五裂的各印度土邑时作战勇猛，号称“巴卑尔”——狮子。1526年，在与德里土王易卜拉欣·洛地的帕尼帕特城之战中，蒙古和突厥混血儿的巴卑尔迭出奇兵，打得易卜拉欣十几万兵马全军覆没。这位土王战死在疆场，同时殉难的还有一位显赫的印度教王公。此王公富可敌国，众多的妻妾儿女都住在德里南边的领邑阿格拉城里。西方冒险家说阿格拉城的钻石珠宝像天上的星星一般多，像花丛的露珠一样纯。此时国亡城破，领主的娇妻美妾郡主衙内一股脑儿当了俘虏，就在乱兵淫威使他们生死悬于一发的紧急关头，巴卑尔之子胡马雍（Humayun）庇护了他们。王公遗眷感恩戴德，将一颗重约 330 克拉的金刚石送给了胡马雍。这是莫卧儿王朝在印度获得的首粒巨钻。莫卧儿王朝没落时，此钻流入英国东印度公司。1850 年，该公司将它献给了维多利亚女王。据说现在存放在英国伦敦博物馆中。

大阿克巴钻石（Akbar Shah）芳踪杳冥

大阿克巴钻石

历朝历代的莫卧儿皇帝都有自己钟爱的钻石。莫卧儿三世皇帝阿克巴就拥有一颗重达 116 克拉的巨钻。钻石经过粗略加工而稍具梨形，天然形成的平面上镌有古代铭文：其一读为“***阿克巴大帝，回历 1028***”；其二读为“***给两个世界的上帝，回历 1039 年，沙迦汗***”。

阿克巴王

铭文的年代分别相当于公历 1618 年和 1629 年。原来，铭文记载此钻的主人先是莫卧儿三世阿克巴大帝，历经四世贾罕之传给了五世沙迦汗。沙迦汗原名“忽拉姆”（Khurram），做王子时曾起兵造乃父贾罕之的反，被赦后将儿子奥朗则布（莫卧儿六世）交与朝廷作质。贾罕之死后，忽拉姆在波斯帮助下夺得王位，于1628年成为“沙迦汗”。钻石上的第二段铭文正是他登基的第二年镌刻上的。这个沙迦汗(1628—1658年在位）一生颇多传奇。例如他美貌的波斯妻子难产死去，他为她修筑了空前豪华、举世闻名的泰姬陵；他还为自己打造了一个“孔雀宝座”，上面缀满了无数稀世珍宝。据说“大阿克巴”钻石就曾装饰在这个宝座上。法国珠宝商塔沃尼1676年在《六出印度》一书中描述“孔雀宝座”说：宝座上缀满了价值连城的各类宝石，包括一颗重50克拉的梨形黄钻，悬垂于一颗大红宝石之下。“孔雀宝座”于1739年被入侵的波斯王掳走，至今仍在德赫兰。18世纪曾有人估价宝座总价值约1亿6千万余里弗（法国旧银币），约合五千多万美元。现在宝座上最有价值的珠宝虽然多已丢失，当今估价仍达1300万美元。

沙迦汗

波斯人攫得大阿克巴钻石后，经百年辗转，1886年被伦敦商人乔治·布洛克（George Blogg）从伊斯坦布尔购得。他将116克拉重的原钻重新切割成71.70克拉重的梨形钻，贪婪和无知令他破坏了钻石的历史价值。布洛克之后，“大阿克巴”至今下落不明。

孔雀宝座

重186克拉的“海之光”（左图）和“山之光”两者最初都为莫卧儿皇帝所拥有，又都于1739年连同孔雀宝座一起落到了波斯王穆罕默德手中。不过，最后又转成了西方王室冠带之物，或成了投机家玩弄手段的妓钻。

海之光

阿格拉钻石（Agra Diamond）扑朔迷离

莫卧儿皇帝巴布尔（Babur）的儿子胡马雍占领阿格拉城后，不仅得到了那颗重330克拉的大钻石，同时还取得了其他一些“阿格拉钻石”，其中一颗淡粉红色的钻石重约46克拉（一说41克拉或71克拉者），他献给了他的父亲巴布尔。巴布尔把这颗粉红色“阿格拉钻石”缀在头巾上，并作为传家宝为后世继承。例如三世阿克巴也将此钻用作头饰，传至奥朗则布时便被放在宝库里了。1739年，波斯王纳迪尔侵入印度，从衰微的莫卧儿王朝掳走此钻，不意却又在撤回波斯的途中被印度夺回。

这颗粉红宝石又是怎样从印度来到英国，1896年被邓尼伽侯爵（Marquess of Donegall）卖给了伦敦著名的珠宝商埃德温·斯崔特（Edwin Streeter）的呢？原来侯爵的父亲老邓尼伽当年是驻印英军的一名书记官，1857年，英军在镇压印度反抗时，这颗阿格拉粉红钻石被一名同团的中尉军官从德里宝库里攫得。包括邓尼伽在内的知情军官们不想将钻石交公，决定走私弄回英国再瓜分所得。但他们一时想不出走私的好办法，直到部队要开拔前的晚餐上，那年轻军官腾地跳起来说："我们可以把钻石藏在马球里让军马吞下去。"于是他们做了个空心马球让马儿咽了下去。到码头上船时，这马生病了。他们射杀了它，从马胃里将钻石取了出来。这颗"阿格拉钻石"就这样被抢掠到了英国，偷偷送到巴黎被重新切割成31.41旧克拉（32.24米制克拉）的垫式光艳宝石。

但是，流失的"阿格拉钻石"从17世纪塔沃尼旅印前后早就出现了。1844年11月22日，德国布伦瑞克的查尔斯公爵曾花13670英镑高价购得一颗"阿格拉钻石"。伦敦珠宝商乔治·布洛克（George Blogg）曾在1860年的公爵珠宝收藏目录上公布过此钻，目录注明此钻"曾为巴布尔于1526年拥有过"。

1891年，埃德温·斯崔特确实用一条价值

14000 英镑的珍珠项链外加 1000 英镑现金从布拉姆·赫兹（Hertz）处购入过“阿格拉”钻石。

1909 年 6 月 24 日，经销商哈比卜在巴黎拍卖会上叫售 8 颗著名钻石：其中有“神像之眼”、“希望”，另一颗重 31.50 克拉的钻石就是“阿格拉”粉红钻。

1990 年 6 月 20 日，“阿格拉”又出现在伦敦克里斯蒂拍卖行。卖主是位女士，1927 年继承此钻。第二次世界大战期间，此钻连同主人的其他珠宝被密封在一个铁匣子，埋入花园地下而逃过战乱。这颗“阿格拉”钻石经美国宝石学会鉴定是一颗淡粉红色天然彩钻，体积为 21.10mm × 19.94mm × 11.59mm，重 32.24 克拉。拟售价 150 万英镑，竞拍成交价竟达 407 万英镑（约 690 万美元）成交。得主是 SIBA 香港公司，从香港通过电话报价竞拍。

看来，过眼烟云般的拥有者们真正喜爱的不是钻石本身，目的是敛聚钱财。

4　莫卧儿皇室骨肉相残　杰姆纳奸商宝钻行贿

“阿格拉钻石”实际上可分为两个种类，一个是胡马雍从原阿格拉酋长遗属那里所得，如前面所述的 330 克拉大钻；一个则是莫卧儿建都阿格拉之后所得，“莫卧儿大帝”钻石就是其中最著名的一颗。这颗印度最大钻石的存在覆盖了长达二百余年的多事之秋。“莫卧儿大帝钻石”被发现时，莫卧儿王朝正深陷中落的烦恼。它进入王室宝库后的中段，英国殖民者冒险成功强行进入了陌生的印度洋，将莫卧儿皇帝沦作傀儡玩物。终于，这颗宝石在英国血腥镇压印度反抗的硝烟里被抢掠而销声匿迹。此后又经历了一个半世纪，“莫卧儿大帝”钻石到底倩影何处，依旧牵动着历史学家和世界宝石界的神经。

沙迦汗被囚思念亡妻，大钻石成为“风月宝鉴”

“莫卧儿大帝”钻石于1650年发现于戈尔康达的科勒矿，“它像鸡蛋般大小，是重约900克拉的粗钻”。这粒实重787克拉的钻石是埃米尔·杰姆纳（Emir Jemla）赠送给独裁君主沙迦汗的。这是此钻被称作“莫卧儿大帝”的缘由。

杰姆纳是有名的波斯冒险家，他怀着不良目的，在戈尔康达土王朝廷里谋得高位，掌管钻石分配和世贸大权。他贪得无厌，洗钱而成巨富，第一大钻一发现便落到了他的手中。沙迦汗为给亡妻修筑“泰姬陵”而几乎耗尽国库，陵墓修成之日，也是他疾病缠身之时，他便在发现大钻石的这年深居阿格拉宫中而委政于诸子，开启了兄弟争位骨肉相残的序幕。沙迦汗的三子奥朗则布文武双全，战功卓著，一如中国唐朝的李世民，在谋位过程中深思熟虑，将巨富杰姆纳引为同盟。杰姆纳的行径引起了戈尔康达土王的怀疑，而杰姆纳思虑联盟后果，刻意修好阿格拉宫廷，遂将无与伦比的硕大又漂亮的钻石献给了沙迦汗。

幽囚中的国王沙迦汗

随后奥朗则布加紧了篡位步伐，杰姆纳站到了他一边。这是1656年的11月，莫卧儿老皇帝沙迦汗已被奥朗则布软禁在阿格拉王宫里长达七年。这七年里，他只能凭借“莫卧儿大帝”钻石的折射功能，迂回眺望他的爱妻的陵墓。爱妻难产而生的小儿子穆拉德（Murad）刚刚被篡位者谋杀，长子达拉（Dara）被押往新都德里，投入监狱并随即遭到杀害。尽管奥朗则布之子穆罕默德深爱着二皇兄苏加赫（Sujah）美丽的女儿，但奥朗则布不仅谋杀了二兄，还用莫须有的谣言离间了小两口，结果害死了亲生儿子。直到侄女夭亡，他的谋杀行动才停止。

因父弑兄杀弟的奥朗则布

难以置信，沙迦汗（Shah Jehan）因为对他波斯爱妻的追思（为她修筑了泰姬陵），对她的儿子“爱屋及乌”地深爱，反而造成了家庭大悲剧：三个儿子惨遭杀害，他自己也深受煎熬。万念俱灰之时，他向法国珠宝商塔沃尼展示了他的珠宝，说出“我要把它们全销毁”的绝望之词。

大钻石“鸡蛋般大小”，切割成了“半个鸡蛋”模样

当年，法国冒险家塔沃尼为了搜罗珍贵钻石，沿着吉斯特纳河踏入矿山深处。当他到达戈尔康达时，这块大钻石已归埃米尔·杰姆纳（Emir Jemla）所有。塔沃尼掌管着戈尔康达钻石分配大权，塔沃尼当然深为接纳，于是杰姆纳便成了塔沃尼的朋友和内线，他在这里也就看到了发现不久的鸡蛋般大小的粗钻：“重量是 907 纳提斯，即 793 5/8 克拉。”1679 年出版的《六出印度》一书里的莫卧儿大帝钻石插图，已是被切割后的模样。那是他在拜访被软禁的沙迦汗时，老皇帝给他看到的：“在这里发现了许多 10 至 40 克拉的钻石，偶尔也有非常大的发现。而在另一堆宝石中，有一颗在送去切割之前重 900 克拉的巨钻，那是我所知道的最重的一颗宝石。这颗钻石属于莫卧儿大帝，他对我展示了他的其他珠宝以表达对我的尊敬。所呈形状是切割之后的模样，模样就像一枚劈为两半的鸡蛋。我得到容许去称量它，发现它的重量是 319 1/2 纳提斯（ratis），合 279 9/16 克拉。”

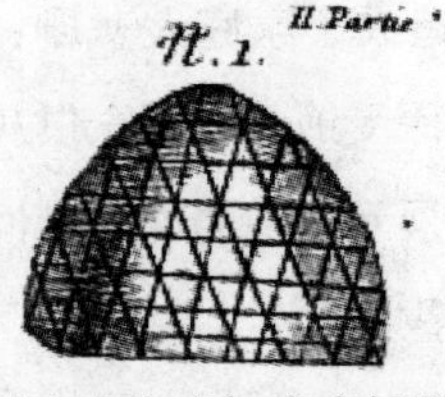

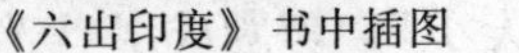
《六出印度》书中插图

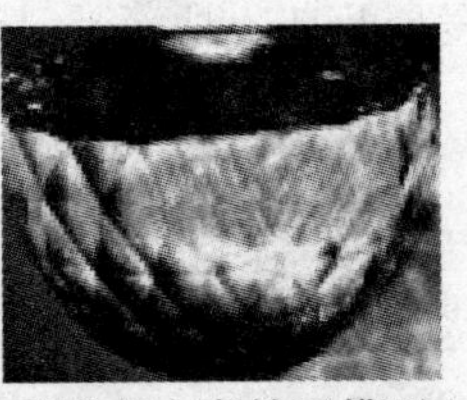
莫卧儿大帝钻石模型

这颗钻石只留下简单的记叙，便隐没在历史长河里了。这个“793 5/8 克拉”与重 787 克拉（合 808.37 新克拉）的全石复制版本有区别，塔沃尼清楚地说明重量较大的是原石，未经任何磨光。现在为“莫卧儿大帝”制作了模型，是按照换算后的重量 275.65 新克拉而成型的——塔沃尼所说的重量 279 9/16 克拉是当时转换成佛洛伦萨制至英制的旧克拉。“莫卧儿大帝”粗钻的底部存在着瑕疵。这大约就是它当初被送去切割的根本原因。塔沃尼把切割后的钻石称之为玫瑰状的宝石（as a rose-cut）。

撒克逊中校杀尽皇子孙　莫卧儿大帝丢了“传家宝”

奥朗则布弑兄杀弟，逼得父王第二年便一命归西，他于 1658 年登上王位，迁都德里，带走了包括“莫卧儿大帝”在内的全部“阿格拉珠宝”。1764 年英国“东印度公司”将印度沦为殖民地，英国总督成为印度“太上皇”，莫卧儿皇帝被束缚在皇宫内靠英国政府发给的年金凄惨度日。到莫卧儿十二世皇帝巴哈杜尔·沙时，印度人终于在1857年掀起了民族大起义。起义遭到残酷镇压，9月21日拂晓，德里沦陷了。巴哈杜尔·沙率领家人躲藏到祖先的陵墓中，但皇太子的岳父当了内奸，指引英军骑兵包围了陵墓。英军少校霍德森在巴哈杜尔·沙率家人束手就擒后，霍德森却背信弃义地残忍枪杀了三位皇子皇孙。如同英法联军在同一时期抢劫并火烧了圆明园一样，盗匪一般乱窜的英军睁着血红的绿眼，将皇室珍宝洗劫一空！三百年的莫卧儿王朝也就此寿终正寝。

不必欲盖弥彰，谁都能想得到，英国人垂涎已久的“莫卧儿大帝”钻石会得到什么结局！就像那颗粉红色“阿格拉钻石”被抢劫并弄回英国而暂时隐秘，也如同柯林斯生动描写过的“月亮宝石”那样。

“莫卧儿大帝”和“光之山”，此钻非彼钻

从那以后，“莫卧儿大帝”在钻石历史上绝无仅有地从人间蒸发了。人们首先想到的是它被肢解，改头换面地在拍卖行换取不义之财。但不论是布洛克也好、温斯顿也罢，都没有披露任何一丁点来自伦敦、巴黎、纽约或瑞士的准确消息。它的起于1650年的早期历史似乎就这样终止于1857年了。然而，当东印度公司的头目、印度总督达尔豪西于1850年7月将一颗名叫“光之山”的巨钻送至伦敦献媚于维多利亚女王时，却引起了后来对“莫卧儿大帝钻石”去向的猜测。那颗原本未取名字而仅被称作“巴布尔的钻石”，也出产于戈尔康达矿山，重量是相仿佛的790克拉，也是胡马雍在1526年得自于阿格拉的。作为莫卧儿传家宝世代继承二百多年后，1739年被波斯国王纳迪尔连同“孔雀宝座”一起抢走。纳迪尔乍见绚丽巨钻，不觉惊呼道：“哇！光芒的高山啊！”于是此钻有了“光之山钻石”的名称。纳迪尔1747年被杀，此钻经阿富汗王转至锡克国王，锡克王死前嘱将钻石献给神庙，其英籍宰相却在城头升起英国旗，里应外合攻占了拉合尔，锡克于是变成了英联邦印度的一部分。达尔豪西掠得钻石，向国王献钻时为避“抢掠”之嫌，便安排土王兰吉特·辛格13岁的儿子携钻赴伦敦“自愿进贡”。献钻有功的英国医生罗金稍后被加封了“爵士”。

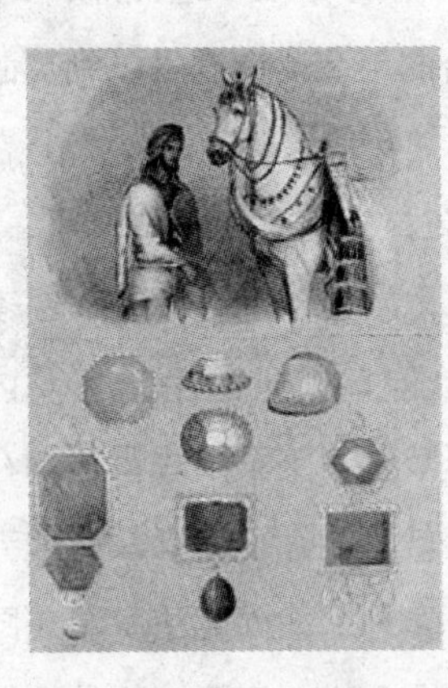

土王辛格的爱马和珠宝

所以，尽管“光之山”和“莫卧儿大帝”这两块钻石有着一样的出身，一样属于莫卧儿皇室，但经历不尽相同，它们确实是两颗不同的著名钻石。不过，人们怎么也不相信这颗价值连城的巨钻会真的消失。

莫卧儿大帝无影，奥尔洛夫伯爵替身？

到了20世纪早期，著名的俄罗斯地质学家亚历山大·福斯曼（Alexander Fersman），对现属于俄罗斯皇冠珠宝的“奥尔洛夫钻石”进行了特别研究，认为它太具备可以描述为“像一个鸡蛋剖为两半”之特点，猜测它是从“莫卧儿大帝”切割而成的（奥尔洛夫重189克拉）。经过深入探讨比较，他做出结论说这两块宝石完全就是一回事——奥尔洛夫就是从莫卧儿大帝切磨而来的。这从宝石学和历史回顾两方面都能讲得通，因为只有这两粒钻石在总体原则下能相互匹配。“莫卧尔大帝”没有结尾，而“奥尔洛夫”也没有开头，因而其中一颗来自另一颗的假定似乎是合理的。

像半个鸡蛋的奥尔洛夫钻

近两百克拉的“奥尔洛夫（Orloff）”钻石是俄国的奥尔罗夫伯爵于1772年在土耳其购得，献给老情人叶卡捷琳娜女皇的，后被镶在了沙皇权杖上。

四　两颗大钻的连绵噩运

印度出过两颗重量在800克拉许的巨钻，直到南非于1893年发现重达969.5克拉的“艾克瑟尔索”（the Excalsior）之前，一直保持原钻世界之最。纵观印度金刚石的惨淡经历，特大钻石在莫卧儿王朝手里流失殆尽，最后皇帝被放逐异国，沦为殖民地近两个世纪。西方列强夺钻石眼红欲眦，而内因则在于长期封建割据，教派纷争，极端腐败终遭外侮。古印度人认为钻石有灵性，卑鄙谋夺钻石者会遭报应。西方朝廷掠入宝藏，无论是帝后大公抑或红色主教，倒也大多没落好下场。印度所产的另两颗不到一百克拉重的大钻石的传奇，鲜明显现了贪婪者的低劣品性，似乎也证明了“恶有恶报”之不谬。

1　桑西钻石漂泊命　英法王室不了情

“桑西钻石”（the Sance）是一颗淡黄色的钻石，重55.23克拉。该钻呈盾形（shield-shaped），由两个冠部（一颗宝石腰腹以下的部分）背靠背连接组成。

此钻15世纪以前在印度宝山河谷被发现，曾

盾形的桑西钻石

亨利三世头戴钻石帽

属莫卧儿王朝，大约是该王朝之官商（例如杰姆纳）通过“丝绸之路”经波斯卖到欧洲的。传说这颗钻石最初属于法国勃艮第“大胆的查尔斯”公爵，公爵于1477年在一次厮杀中丢失。又说16世纪时，这颗钻石曾属葡萄牙国王所有。（按，与多数记载相抵触，录此姑妄听之）。此钻早期在土公和商人手中辗转而到了土耳其的君士坦丁堡，1573年被法国驻土耳其大使尼古拉斯·哈来（Nicholas Harlai，亦曾任驻瑞典大使）购得，从此知名于世。哈来此人本是桑西大庄园的领主，政经兼通，在法国议院广受欢迎。他还是个狂热的珠宝收藏家和宝石鉴赏家，在欧洲很有名气。渊博知识使他得以将此钻优点发扬光大，并令好钻如命的法国王室艳羡不已。法王亨利三世先天不足，过早成了秃头，很为不雅的相貌着急，于是就用形形色色的帽子来遮掩，特向哈来借来“桑西钻石”装饰在帽子上。他只活了38岁。

1689年上台的亨利四世也曾借用这块宝石，却是用来作抵押以筹措军费。不幸的是，负责运送钻石的那个信使始终没有到达目的地，亨利四世着急万分。不过哈来（即德·桑西，时任亨利四世的财务大臣）确信那是个忠诚的人，直到发现信使被抢劫谋杀的现场——信使在遭抢劫时将钻石吞进了胃里而使宝物幸免于难。

借钻石筹军费的亨利四世

德·桑西在1605年给钻石命名为“桑西钻石”后，将钻石卖给了英王伊丽莎白一世（1558—1603年在位）的继承人詹姆士一世（James I, 1566—1625年）。当时英国尚分为英格兰和苏格兰两个王国，虽然瓜葛牵连，毕竟王位两家。在位苏格兰王名叫詹姆士六世（Jamas VI），伊丽莎白一世1603年去世，遗诏由詹姆

桑西的英国买主詹姆士一世

士六世继承。自此英格兰与苏格兰合一而为斯图亚特王朝，詹姆士六世便成了兼领英格兰和苏格兰两国的国王詹姆士一世。买卖成交后，1605 年 3 月 22 日的《伦敦塔》宝石清单上描述此钻是“一颗成钻宝石，加工者法斯特，卖主桑西”。售价 60 000 ecus。桑西钻石从此在英国王室手中一直保存到 1660 年。1625 年詹姆士一世死后，二儿子查理一世（Charles I，英格兰、苏格兰和爱尔兰国王，1625 年继位）继承了王位和王冠钻石。

拟用钻石交换武器的玛丽亚王后

查理一世曾派他的妻子玛丽亚王后去荷兰商谈用桑西钻石交换武器以镇压 17 世纪的英国资产阶级革命，玛丽亚没有成功，查理在争战中全面溃败，1649 年被革命派处死，玛丽亚王后与其弟其子携钻石逃往法国。她在曾为儿子从法王处谋得领地。后趁“革命派”内讧，其子策动王党叛乱，于 1660 年登陆多佛回到伦敦而复辟斯图亚特王朝，1661 年加冕为查理二世。查理二世于 1685 年去世，乃叔詹姆士二世（詹姆士一世的三儿子）继位承钻。但好景不长，因他“太法国化”，在位不到四年便在1688年的所谓“光荣革命”中被他的荷兰女婿威廉三世和女儿玛丽二世联合取代，1690年再度逃往法国依附路易十四。

路易十四（1638—1715）1643年继位时年方五岁，一直由母后安妮在红衣主教马扎林辅佐下垂帘，直到23岁上马扎林死后才亲政。他掌权后肆行“朕即国家”的专制统治，对外连年战争，导致晚年国库空虚。

詹姆士二世1685年继位

此人生性浮躁，厌烦这位放逐的客人。有资料说：衣着匮乏的詹姆士二世万般无奈，遂将“桑西”作价£25000卖给了红衣主教马扎林（Mazarin，1602—1661）。马扎林随即将钻石赠给了国王路易十四。这个说法不合理，因为马扎林在1661年即查理二世加冕的那年便去世了，詹姆士二世1690年才二度流亡法国，不可能由他卖给马扎林。钻石合理的去向应当是：查理一世的遗孀（法王老路易的姻亲）在为独子查理二世谋取复辟支持时，于1660年前后将钻石作为交换给了法国王室，这时路易十四已经22岁但尚未亲政。而£25，000

的钻石作价可能是交换了复辟装备的。

嗜钻如命的路易十四

另一揣度说查理一世最倚重权臣巴金汉公爵，这巴金汉两朝开济，春风得意，在出使法国的一次舞会上和路易十三的王后安妮公主一见钟情，宁愿为这位身兼西班牙和奥地利两国皇室血统的高贵公主粉身碎骨也心甘。两人互有馈赠，钻石是最好信物。而巴金汉和法相黎塞留不仅在政治上针锋相对，还因这位红衣主教深心属意安妮却未获青睐，故又是一对情敌。1640 年前后，巴金汉、黎塞留和路易十三相继去世，法王路易十四年幼，王太后安妮公主摄政，马扎林接任红衣主教兼宰相。此人辅佐王后垂帘，出入宫闱自是名正言顺，很快成了孀居安妮王太后的情夫。马扎林奸诈贪吝，嗜财如命，利用帝后两党及教派斗争的混乱局面，千方百计从情妇太后手中骗得了“桑西”钻石，在此钻的持有者中，占有显赫却极不光彩的一席。出于讳言和同情的缘故吧，人们提及“桑西”钻石时，多将安妮公主的名字略去。倒是大仲马在他的名著中对此半实半虚地作过相当精彩的描述，那是轶事了。

路易十四是一个钻石迷，为此不惜卖官鬻爵；正是他为了得到一颗印度神珮宝石，卖给旅印珠宝商塔沃尼以男爵头衔的。不论是流亡的詹姆士二世通过马扎林把“桑西”钻石给了他，抑或他理所当然地将母亲之物收归王室所有，反正“桑西”从他在位时期便又从英国回到了法国。“桑西”历史所有人中，又添上了这位当了十多年傀儡而后掌权的国王。路易十四和莫卧儿帝国的奥朗则布差不多同时在位掌权。他得到“桑西”钻石后，还继续搜罗不止，但法国却被他折腾得几乎囊空如洗了。

安妮公主和马扎林

法国大革命时期，皇家宝库被盗，“桑西”钻石和其他著名宝石如“摄政王”、“法兰西蓝钻”亦即后来的“希望”钻石一样失踪，时间是1789年稍后。

潜藏了三十多年后，“桑西”终于在1828年露面：这年德米多夫王子用£ 80，000购得此钻。1865年，德米多夫家族将此钻以£ 100，000卖给了印度王子加姆斯特金。此印度王子于一年以后又将其卖出，开创了此钻快速转手的新历史。又是一个一年后，“桑西”在巴黎博览会上再度出现，标价100万法郎。

从1867年博览会后，它突然又销声匿迹了，这一次蛰伏竟长达40年。

下一次露面是在1906年，再加工成了盾型，卖给了阿斯特子爵一世。阿斯特家族保有此钻到阿斯特子爵四世，直到1978年，才以100万美元卖给了卢浮宫。如今它与“摄政王”、“豪藤西亚”等世界名钻一起陈列在阿波罗画廊。

2 月亮神宝石神圣不可侵犯 生死劫霍普厄运正缘婪贪

史密森尼博物馆陈列“希望”

“霍普钻石”（the Hope diamond）亦即“希望钻石”同样来自印度。在权威的韦伯斯特大辞典上，关于这粒几百年来屡成灾祸根源的历史名钻是这样解说的：“霍普钻石：一颗重量为44.5克拉的浅蓝色金刚石，据说是1792年失窃的法兰西王冠珠宝中一颗大宝石的一部分；它之所以被称作“霍普”，是缘于它的拥有者之一亨利·托马斯·霍普（Henry Thomas Hope），一位伦敦银行家。他于1830年购得此钻。据云其持有人多交噩运。”云云。

现今中译文习惯把此钻意译做“希望钻石”，这其实是不严谨的；有人称之为“噩运之钻”倒相当贴切。本书从众以“希望”呼之。从这颗名钻的坎坷曲折经历中，人们将会有相应领悟，懂得一颗平常心的真谛。

以伊斯兰教立国的印度莫卧儿王朝，在奥朗则布执政后期，与印度教封建主的关系急剧恶化，于是他摒弃了乃祖阿格巴优抚印度教徒的政策，改而施以高压。印度教众及其神庙立陷水火。法国旅行家塔沃尼趁机混水摸鱼，从一尊印度神像的眉眼间弄下了一块灿若皎月的水蓝大钻石，把它偷偷地带回了法国。也许是“神灵震怒”吧，此后凡想染指此钻的人，竟都运交白虎，在劫难逃。英国作家柯林斯在他的《月亮宝石》一书中，描写了阴谋窃得神像前额月亮宝石的凶手及其后人的悲惨命运，从印度教徒一代接一代追寻失钻，最后使宝石完璧归赵这一角度，鞭笞了贪婪与邪恶，讴歌了善良和忠诚。从柯林斯生活的年代里看，他的《月亮宝石》很像“希望钻石”的早期经历，又像是为“希望”的后期故事作了预言。也有人把“希望”的经历说成是自然界的一种效应，读者不妨按“信则有，不信则无”的说教从下文中各寻答案吧。

塔沃尼从菩萨的“天眼”里窃走了极为珍稀的蓝色钻石：

这粒钻石第一次向世界曝光源于17世纪著名

的法国旅行家吉恩·巴蒂斯特·塔沃尼（Jean Baptiste Tavernier）。他是在旅印途中利用一名与他秘密接触的印度奴隶，从印度戈莱伦河（Coleroon River）畔一座寺庙中的神像眼睛里窃得的。那宝石初眼瞧去像是一颗巨大的蓝宝石（sapphire），但阅历丰富的塔沃尼很快就判断出，那是一颗钻石——世界上最大的深蓝色钻石！这迷人的钻石重达 112.75 旧克拉。当时还没发明照相，他精心绘制了这颗稀世珍宝的三相图。

有人说，如果此钻真是这样攫得的，那另一只眼睛上的宝石呢？

其实，佛教有些菩萨是有天眼的，如同道教的二郎神那样。这天眼是生在两眉之间的第三只眼，自然也就没有另一块钻石了！它可能不是第一颗引发丑闻和宗教悲剧的著名钻石，那"神像之眼"（Idol's Eye）钻石和"奥尔洛夫"（Orlov）钻石据传都是来自神像。

塔沃尼把钻石卖给了国王，两人双双遭祸殃：

塔沃尼给了那印度内奸一些金钱"购买"了此钻并走私运回巴黎，将它卖给了法王路易十四。在巴黎，原重 112 克拉的粗钻被切割成 67.50 克拉的梨形宝石，以"法兰西蓝钻"或"塔沃尼蓝钻"（Tavernier Blue）而知名欧洲。

珠宝商出身的塔沃尼想以钻石开路谋求名利双

收，跻身于上流社会和官场。但他却首先遭到了不测。他回巴黎把钻石廉价卖给法王路易十四，国王倒也真给了他一个男爵头衔。但爵士的光环还没有凝聚在头上，便被1685年的一道法令取消了。他怨怒得无以名状，盛气之下离开法国，取道俄罗斯作第七次东方旅行。孰知好景不再，落得命毙路途，时为1689年，他已是84岁高龄。如果不是耿耿于怀那虚无空衔，他是应该在自己的豪宅里安度晚年的。有文章说他是被一群疯狗撕碎，也许那是俄罗斯雪原野茫茫无人收葬的缘故吧。

塔沃尼深入钻矿探险

路易十四（1638—1715）手握这颗神钻时，正在拼命推行“朕即天下”的专制极权。他先把钻石送给情妇斯庞夫人作信物，谁知不久她便“无语独上西楼”，失宠而交回了钻石。路易十四政绩

晚年路易十四身披缀钻花衫

低劣，搜刮有术，到晚年已是四面楚歌。他想从神钻中寻解脱，乃命宫廷技师皮托将宝石改制成形近匕尖的三棱锥钻，成钻重近 68 克拉，缀到了他的衬衫花褶上。只是无可奈何花落去，娲石岂肯助无道！据云他只佩带了七个月，便在农民起义的声浪中驾崩了。

塔沃尼兰钻蛰伏亦显灵，小路易皇帝遭厄也堪叹：

路易十六上断头台

路易十四后继乏人，死时膝下无子嗣，小孙子路易十五（1710—1774）步乃祖后尘，也是五岁便呀呀登基。始由奥尔良公爵菲力浦摄政，13 岁亲政后，大权依旧连续旁落于波旁公爵和红衣主教弗罗列之手。好容易不当傀儡了，偏又志大才疏，在国际战争中屡战屡败，尤其“七年战争”中折于英国，导致法国从北美和印度被完全排除。他想到了祖父的大钻石，便取出坠佩在大十字勋章上“冲喜”。他原本极度害怕这钻石的噩运预言，二三十年间一直冷落“灾星”，谁知此刻一经放出，祸祟却变本加厉，在一片风云变幻之中，路易十五竟在晚年得了天花，死时国库空若虚谷，卢浮宫黑风满楼。

20 岁继位的路易十六则更惨，尽管国运多舛，却不思悔悟，反而自不量力地推行社会等级制，使平民阶层（并非都是穷人）忍无可忍，终于在 1789 年爆发了法国大革命，路易十六命注废黜，他曾赠给王后玛丽的这块“法兰西蓝钻”连同所有皇冠珍宝同时遭窃。1793 年，他在断头台上了却残生，只活了 39 岁。玛丽皇后这年也被革命法庭绞死。如说此粒神钻和法国王朝的噩运有什么因果关系，只能是搜罗珍宝体现了统治者敛财的疯狂，导致国力疲惫，民不聊生。巨钻是财富的富集，王室垄断，国不保，钻王焉得不失？

玛丽皇后于 1793 年被送上断头台

钻石匠倒霉连环开启，“法兰西蓝钻”再现伦敦：

神钻从法国宫廷流失，如此巨无霸当然不会

立即露面，窃者通常的手法是将它劈改换形。果然几年以后，阿姆斯特丹首饰匠吉奥姆·法里斯承接了重新切磨神钻的差使。他把67.5克拉重的钻石变成了44.5克拉，将酬金和碎块一股脑儿揽入怀中。但吉奥姆还来不及高兴，新钻便被儿子偷走了。首饰匠惊怒交集，追踪时惨坠山岩；其子懊悔不迭，乍失心疯，投水随伊父而去。吉奥姆好端端的一个家，连同他的绝世手艺，就此倏然消失。

1812年，这颗钻石神秘地出现在伦敦。是年拿破仑一世从俄国仓皇逃回，同英国对垒正趋下风，一颗法国王室的至宝出现在敌国首都，倒卖人自是有恃无恐。但来路不正，蜚语风传，包括史密森尼在内的消息说英王乔治四世私下谋得了此钻并混藏在皇家珠宝库里。1830年乔治死后，被发现欠有巨额私人债务，其遗产中不见“法兰西蓝钻”。漫漫18年，此刻钻石哪里去了？其去向一说被乔治四世的情妇康琳芬（Conyngham）偷走了；更大可能则是花花公子国王早就通过私人渠道把钻石卖掉抵债了。

霍普家族拥钻获今名，希望钻石转手不隔年：

此钻不祥啊！乔治死的这年，即在1830年，伦敦银行家霍普（Henry Thomas Hope）以低贱价格从珠宝商丹尼尔（Daniel Eliason）手中购得了

“法兰西蓝钻”，价格仅为6万5千美元（或说9万美元，但以前者为是——银行家只会压价买“噩运之钻”）。与同时期的“桑西”钻石相比，此售价极低。他悄悄用自己的姓氏 Hope 为钻石重新命了名，但新名字却迟至 1839 年才告诸世人，于是钻石以“希望”为名流传至今。

但是，钻石带给银行家的不是“希望”，而是幻影的破灭：事业每况愈下，子孙浪荡不肖。钻石在他死后几经诉讼，传给了侄儿托马斯·霍普，终传至侄重孙弗朗西斯·霍普。这个不肖子孙弗朗西斯在一次纸牌赌博中，竟因无力付账而将钻石输给美国商人弗朗凯尔（Joseph Frankels）。这里与史实小有出入——原来弗朗西斯虽对钻石拥有“终身继承权”，却必须经法院准许才能卖钻。这个豪门纨绔儿于 1894 年追求美国女歌星梅·雅荷（May Yohe）得逞，她声称曾佩戴钻石出入社交场合，而弗朗西斯却予以否认；弗郎西斯花费无度而入不敷出，婚姻也很快出现危机，梅·雅荷不久就随纽约市长威廉 L. 斯特朗（William L. Strong）的衙内私奔，法院最终准许破产了的弗朗西斯卖钻抵债。不过，此钻早已名声在外，他再也卖不出好价钱，他将“希望”卖给伦敦珠宝商阿道夫·韦尔（Adolph Weil），只得金 2 万 9 千英镑。上面提到的美国人弗朗凯尔也是珠宝商，韦尔将“希望”转手给他，他便将钻石带给他在纽约的儿子，谁知在这里“希望”却只被估价 2 万 8 千英镑($141,032)，甚至低于弗朗西斯的售价。

购买钻石并冠名“霍普（希望）”的银行家霍普

幽灵在弗朗凯尔头上盘旋，他显然大亏特亏了。他急急赶回纽约，打算卖钻石换现金偿还债务。1902—1907 期间，弗朗凯尔马不停蹄地来回周游拜访富有的美国人，希翼将钻石脱手，直到 1907 年家族破产，他也没能如愿。这不得不令人相信“希望”真是颗“厄运之钻”（hoodoo diamond)。

“希望”的下一个主人是土耳其钻石收藏者塞利姆·哈比卜（Selim Habib）——1908 年，弗朗凯尔总算瞅准机会将“希望”作价 4 万美元卖给了这个富翁。据说哈比卜是土耳其苏丹阿卜杜勒·哈米德的代表，此钻包括在 1909 年 6 月 24 日哈比卜财产的拍卖物内，且拍卖目录明确规定说：“希望钻石是收藏物内唯一的 2 颗钻石之一，且从未属于苏丹。”（另说哈米德苏丹在王位摇摇欲坠时命令哈比卜卖掉此钻）。哈比卜带着希望钻石又从美国来到巴黎，在1909年以8万美元（或说40万法郎）卖给了巴黎珠宝商西蒙·罗西瑙（Simon Rosenau）。

罗西瑙于1910年转手再出售给珠宝作坊主皮埃尔·卡迪亚，得金55万法郎。

总之，这些人对“希望”钻石是既爱又怕，走马灯似的卖来卖去，既想用它大捞一笔，又怕耽误太久触了霉头。

皮埃尔·卡迪亚是巴黎珠宝作坊主路易斯·卡迪亚的继承人，制钻手艺精湛。他家以经营珠宝为生，自不能被“希望”积压资金。但在巴黎却极难脱手，好不容易他瞄准了来巴黎度蜜月的美国妇女麦克琳夫人。

麦克琳夫人巴黎度蜜月　卡迪亚巧匠纽约售“希望”

1910年，华盛顿D.C的E.W.麦克琳夫人到巴黎度蜜月，卡迪亚将“希望”送至麦克琳夫妇面前兜售。他故弄悬念，将钻石用一张薄纸掩盖着，娓娓地向年轻的麦克琳讲述“希望钻石”的各种神奇动人故事。起先原不在意的美貌少妇麦克琳突然变得兴奋起来，执意要求看看钻石的庐山真面目。沙龙彩灯下，绝妙的宝石立刻使少妇的明眸凝聚起晶辉。但是麦克琳夫人不喜欢钻石的衬套，第一次交流悬了下来。当时纽约时报报道说麦克琳是因钻石的“神秘诅咒”而忐忑犹豫了。卡迪亚不愧出身于知名的宝石作坊世家，他摸准了麦克林夫人活跃的心态，也知道这位大矿业女继承人会为珍爱而不惜重金，于是回作坊搜索枯肠精心设计，将钻石重新配置后赶赴美国，在一个周末将钻石呈送麦克琳夫人请她试戴，然后欲擒故纵地大方离去。这个策略成功了。麦克琳当晚就试戴着新钻炫耀于社交沙龙，引来无数艳羡的目光。置于拱形托架上的“希望钻石”，周围分三层用较大的白钻环绕一如众星拱月的造型，的确气象万千。稍晚它变成了钻石项链的垂挂，就是今天在博物馆展出的样子。买卖成交于1912年，双方据说以30万美元成交（另说为15～18万美元），麦克琳夫人懂得利用“希望”的丰富人文历史去提高其投资价值。埃·沃·麦克琳夫人1947年去世，随身佩戴“希望”长达35年。她出身矿工而成矿业大亨的家庭，在少女时期即梦寐以求能有一粒宝钻，25岁上得遂夙愿。老资料说她“倾其所有以四万美元（当时约合八千英磅）”买了别人几乎不敢问津的“希

麦克琳夫人炫耀“希望”

望”是失实的。她是个热衷社交的淑媛名流，“希望钻石”也是她社交时形影不离的至宝。她戴着用“希望”作垂挂的钻石项链，出席华盛顿的每个社交场合。不过，她的家庭并没有幸免于“噩运之钻”的诅咒：长子死于车祸，丈夫在精神病院毙命，心爱的女儿1946年因服安眠药过量，撒手去了基督乐园。麦克琳万念俱灰，61岁便追夫随子而去。死前（1947年4月）立下遗嘱，把钻石留给她年幼的六个孙子。其中规定托管人要监督不许售卖钻石，直到最长的孙子满25岁。这意味着还要等20年。

老年麦克琳戴着希望饴孙

她无疑是深谋远虑的。然而，她的六个孙儿女们连摸都没有摸过一下这颗钻石。其中一位小埃瓦琳·麦克琳小姐好不容易长到二十五岁时，一个端庄朴实的单身姑娘，却在一天夜里突然死在德克萨斯州达拉斯郊外的卧室里。人们未见任何可疑的迹象，只有可怜的姑娘身穿蓝色牛仔裤和高领绒线衫，静静地躺在她的床上。家已没落，托管人设法得到容许出售“希望”以了债务。“希望”钻石的关键一位得主，终于还是在悲歌声中失去了它！

1949年，“希望”钻石被纽约珠宝商温斯顿买

1958 年 9 月 10 日史密森尼博物馆关于希望钻石的演讲会上。从左至右：哈里·温斯顿夫人，捐赠人的妻子；史密森尼馆长伦纳德·卡迈克尔先生；矿物学策展人乔治·S·斯维彻尔博士。

去。他不是捡了便宜，而是拿了块烫手山芋——六七年间竟无人问津！于是这位有辐射黄钻丑闻的商人 Harry Winston 学了个乖，在周游全美展示“希望”后，把它捐给了华盛顿的史密森尼博物馆。“希望”成了博物馆最吸引眼球的头号展品，该馆靠它日进斗金。不过美国佬的日子也要像麦克琳夫人了……

3　尼扎姆靴头搞闹剧　印度邦钻石成唯一

印度的历史名钻本已流失殆尽，却不想一个守财如命的海德拉巴王国尼扎姆，将号称“世界第七”的大钻石藏在他的靴头上，直到他死后才被发现。这可真是靴头里头出了世界性的大噱头。

海德拉巴王国立国于莫卧儿王朝渐衰的18世纪前半叶，1948年才并入印度联邦。海德拉巴六世尼扎姆（国王）于1891年从一个名叫雅各的人手中买下了它，所以这颗被称作“雅各钻石”（Jacob Diamond）。该钻早期曾以“帝国大白钻”或“维多利亚钻石”知名。为弄清它的历史，作者很费了大周折。

来历不明的巨钻：

本来以为此钻是出产于海德拉巴的戈尔康达老矿区的，谁知一个言之凿凿的资料说它乃是出产于南非的亚格斯丰坦矿山或金伯利矿山，时间在1884年，粗钻重量竟达457.50克拉！如果真是这样，那么它一定应有详细的档案资料。所以作者倾向于相信另外两种不便说清楚的来源：其一说该钻是一个荷兰农场主在邻近矿山的自家田地里发现的，它将钻石藏在秘密地点以免被钻石猎奇者骚扰，一年多后才公布它的存在；其二是说矿山中心的一位高层发现了这颗钻石，便私带钻石离开矿山将其卖给了一个“四人财团”。于是，这颗极为罕见的巨钻便悄悄流向了伦敦，开始了一连串违法交易。在号称“钻石广场”的海顿公园，Cope Colony（开普殖民）的“八人财团”用4万5千英镑买下了它。它之所以被称为“帝国”抑或“维多利亚”钻石，大约就是从这里开始的。该财团决定将粗钻送往梅茨（Metz）的荷兰公司加工——因为它的声誉较好。

荷兰女王亲历加工现场的巨钻：

对此重达457克拉的钻石，该荷兰公司极为重视。1887年4月9日，切割大师M. B. 巴连兹在荷兰女王面前砸下第一锤。

随后经时一年余，将粗钻加工成重184.5克拉的矩形垫式（亦称椭圆形）宝石。此钻无色，58个刻面，尺度长39.5mm，宽29.25mm，厚22.5mm。当时号称“世界第七大巨钻”。也许是这颗“维多利亚钻石”没有钻石垄断集团所发放的各种“资格证书”，甚至连出生地都讳莫如深，所以不敢也不能卖给欧洲王室。于是这个来自开普的殖民冒险者小团体，把目标转向了英国殖民地印度，瞄准了“当时世界上最富有”的海德拉巴王国尼扎姆六世。他们派出了一个神秘的推销商。

神神秘秘的异国商人雅各吃了海德拉巴王国的大亏：

1871年，一个名叫亚历山大·M. 雅各的人，作为宝石经销商来到印度的西姆拉做生意。谁也不知道他到底是亚美尼亚人、犹太人、俄罗斯抑或英国人，但他以有魅力和怪诞被“八人财团”相中，作为钻石持有人去向被猎对象兜售此钻。

雅各和尼扎姆六世马赫布（Mahboob Ali Khan）之间的交易相当有趣。那是在1891年，雅各天花乱坠地许诺这颗被称为“帝国大白钻”的宝石，马赫布看过钻石模型之后，散史的记载又有了两种说法：一说这位尼扎姆六世热衷于用价值连城的文物去充实他的豪华宫殿，因而接受了460万卢比的不菲售价；二说马赫布对这颗钻石不太感兴趣，因而只肯付460万卢比去买它。总之他们俩就以这个价位达成了协议：先预付230万卢比现款，另一半待钻石真身从伦敦送来后再付。从这时起，这颗钻石便称作“雅各钻石”了。

藏钻石于靴头的马赫布

雅各煮熟的鸭子飞了一半儿：

雅各回伦敦去取钻石，海德拉巴这边却半路杀出个程咬金——驻海德拉巴的英国代办丹尼尔·费茨帕特里克中途知晓了这桩交易，为保存尼扎姆政府财产而出面干涉。雅各因此在伦敦蹉跎了时日，引起马赫布对钻石迟迟未到的不满。等雅各风尘仆仆带着钻石来到海德拉巴时，马赫布变了卦，拒绝收钻石。雅各当然也不肯退预付款，尼扎姆六世便把他告上了殖民当局的加尔各答高等法院。就在雅各积极应诉的当儿，身在伦敦的钻石主人发来指令，要雅各只收原售价的一半私了这桩官司——估计是因钻石来路不清，怕惹来更大的麻烦。雅各煮熟的鸭子不仅飞了一半，还要承担诉讼费用，惨了。这回是印度人捡了个大便宜。

老尼扎姆把钻石藏在靴头里，小尼扎姆将钻石作镇纸用：

尼扎姆六世马赫布买了便宜货，倒也十分心爱。到晚年他怕钻石被窃，便悄悄把钻石深藏在他的寝宫里。1911 年他去世，其子海德拉巴末代尼扎姆奥斯曼在他死后几年里遍寻钻石不得，最后在他卧榻旁的靴子头上找到了。这帮土王倒也真能搞笑。

捡烟头抽的奥斯曼

奥斯曼的这个末代“皇帝”更是个守财奴。按《纽约时报》的报道，说他从祖上继承下来的财产早已超过了20亿美元。仅 1948 年奥斯曼存入一家英国银行中 100 万英镑存款，几十年下来就已翻成了 3000 万英镑。他拥有众多妻妾，八九十个情妇，一百多个私生子，生活极度腐化。尤其令人啼笑皆非的是，他把价值连城的“雅各钻石”竟当作镇纸用。如此暴殄天物的尼扎姆，平时却故作简朴，甚至穿着破衣捡香烟屁股抽。

1947 年印巴分治，海德拉巴在选择归属问题上犹豫不定，印度在英国政府认可下于 1948 年派兵强驻，于是海德拉巴王国被迫并入了印度联邦，终结了两百多年的独立王国历史。

奥斯曼 1967 年死去，此后印度和巴基斯坦政府，以及奥斯曼的数百子孙后代，一直为包括“雅各钻石”在内的遗产归属争斗不休。1991 年，印度政府花 1300 万美元取得了钻石的拥有权。

此钻石的三个特色头衔：

其一，此钻当初曾被称为“世界第七大钻”，但现如今只能排第 22 位了；其二，它是一颗八面体原钻，保持最大的八面体结晶钻石纪录达 12 年，直到 1896 年南非德比矿发现 503¹/₂克拉重的大钻石时；其三，这颗钻石在它的历史上只经过 2 次倒手，于是成了所谓***“非暴力”钻石***。这大约是附和甘地的“非暴力”而使其区别于“血腥钻石”的。

八面体原钻

此钻勿与另一颗同形状的巨钻混淆：

“雅各钻石”被发现百年后的 1986 年，南非的“首相矿山”又发现了一颗重 755. 5 克拉的更大钻石。巨钻加工后犹重 545.65 克拉，超过了“卡里南第一”钻石（530 克拉）。宝石被泰国国王买走，命名为“五十嘉庆”钻石。这颗钻石的切磨造型和“雅各钻石”几乎一模一样——正面椭圆形，立面蘑菇状。附在这里，以免读者在浏览时混淆。

五

巴西名钻——南方之星

楔　子

前言：印度的钻石经过两千多年的开采，戈尔康达矿区的生产在18世纪早期已呈衰竭之势。这时，一支葡萄牙殖民小队在巴西有了新发现，那是1725年，欧洲的钻石贸易便又被注入了强心针。欧洲人的蜂拥而至形成了1725—1860年间的“钻石狂潮”，葡萄牙王室公然宣布对巴西所有的钻石矿实行“皇家垄断”。

疯狂掠夺巴西金刚石的争斗拉开了序幕——

1　用糖果换来叫人神魂颠倒的金刚石

引子：1725年，来巴西寻找黄金的葡萄牙人，来到米纳斯吉格拉斯州的阿贝蒂（Abaete）和Jequitinhonha Tijuco河地区，无意中发现了金刚石。巴西于是成为世界上产金刚石的地区之一，从而结束了印度将近三千年的钻石垄断地位。

冒险家用糖果换到了钻石：

1726年，葡萄牙人贝尔纳基诺·洛博冒险深入至巴西的马托格罗索高原，在巴西两大山系交会处的亚高孙河一条支流的源头河谷旁，一个名叫“迪亚曼提纳”的牧村里，他做梦也难以相信的奇迹出现了：印第安牧人在牛羊啃青的闲暇，“分曹射复”似的做游戏，赌胜负的筹码是当地俯拾即是的一种“石头”。洛博一见，立时呼吸紧张，心底里“妈呀”一声暗叫开来！那哪里是石头？那是教人神魂颠倒的金刚钻呀！

迪亚曼提纳高地（Chapada Diamantina）

于是，他装着一副和善的笑脸，和这些随祖辈逃避到深山的印第安牧人套开了近乎，只用了糖果和几支雪茄烟一类的小物件，便从牧羊人手中骗到了一堆大小“石头”。他禁不住放声狂呼：“我发财了！我发财了！”

这个冒险家火速下山，昼夜兼程赶回到里斯本。当初离国赤条条，如今归来金灿灿，洛博摇身一变成了巨豪富翁。爆炸性的新闻又一次震懵了葡萄牙，摇撼了整个西欧，引得形形色色搭帮结伙的冒险家们一批批地向新大陆进发，寂静的山林河谷立即喧声连片。这一批批寻钻者的到来，到 1840 年形成了汹涌的洪流，闹哄哄一直延续到 1860 年后才转往南非。

冒险家洛博不是唯一的幸运儿：

自从巴西当地人知道了金刚石的宝贵，自然再也不会用它作游戏筹码了。钻石高地的河滩里、山坡上，神话般的一桩桩现实故事就此层出不穷。譬如，一个驮夫赶马途中打尖，他在向地上插木桩以便栓马时，被木桩掀起了一粒石子儿，真是“神冥暗护”，他竟幸运地拾得一颗重 9 克拉的钻石。

又有一天，一个印第安牧人放牛时，一条母牛不听他召唤，惹得这个牧人性起，随手从地上抓起一块砂团掷了过去——砂团打在牛身上反弹散开，忽然一片晶光耀眼，藏在沙团里面的几颗钻石露了出来。

不止一次有外来客人买来当地草鸡宰杀，中奖似的从鸡嗉中得到星钻。自然，当地人变聪明了，在杀鸡作餐时就不再随手把鸡嗉抛撒；因此而偶然发财的也大有人在……

葡萄牙王国宣称要“皇家垄断”巴西金刚石：

葡萄牙殖民官

说来有趣，在巴西占据着印第安人地盘施行殖民统治的葡萄牙皇室，这期间却被拿破仑赶出了葡萄牙本土，于1807年11月搭乘一艘英国海军舰艇逃到了里约热内卢，与皇室分支会合到一起。葡萄牙巴西殖民当局对于欧洲流民的这股掠钻狂潮恼火万分——“皇家宝物”岂容他人染指？于是颁下“皇家垄断”的法令，一方面增加黄金课税，一方面将迪亚曼提纳周围的大片河谷地带圈围起来，决心垄断钻石砂矿的开采。当局和亡命之徒之间的抢钻闹剧纷乱不堪，几乎持续了大半个世纪。最悲惨的自然又要数那些被骗走了钻石的牧羊人，以及他们的那些在大屠杀中幸存下来的印第安乡亲们了，他们被从河谷地驱赶到远方，在干旱和随后发生的大地震中九死一生，四处颠沛流浪，一代又一代被折腾了近百年之久。

2　葡人贩万千黑奴　巴西成四大矿区

葡萄牙人开贩卖黑奴开钻矿之先河：

欧洲的殖民者和冒险家要谋取巴西的钻石，他

矿工在岗哨林立的矿牢里采钻

们当然不会自己去挖井。这是劳动力十分密集的作业，用印第安人远远不能符合要求——他们的部落被赶出了矿区，对葡萄牙人充满敌视，钻矿主极不放心。于是殖民当局便从非洲贩来大量奴隶，把他们像囚犯一样圈禁在矿区。1901年，仅巴伊亚（Bahia）矿区的黑奴矿工即已达5000人。这期间，殖民当局役使矿奴于非人环境下，远远超过古印度的种姓制度下的“贱民”。在山坡上，黑奴赤身露体挖掘矿砂；在湍急的河床里潜水摸寻。手刨筛滤，从拂晓到天黑，淘钻还要搜身。“滴血钻石”的新历史从此开创，至南非一脉相承。尽

葡人监工和黑奴矿工

管早期开采出来的钻石粒径较小，却是在印度钻石枯竭的时期填补了需求，葡萄牙在 1726—1860 年间，每年从巴西攫取钻石 5 万至 25 万克拉。巴西钻石充斥欧洲市场，竟至导致钻价下跌。

巴西三个大冲积矿田：

没落的古钻国印度有了替补者，西欧各王室有了新的追逐目标，它就是南美洲新大陆的巴西，以及与巴西本属一体而于 1812 年被英国侵占的圭亚那。巴西的钻石矿田分东西两大片，西片是前述洛博赖以发迹的山坡河谷所在的马托格罗索州，金刚石以砂矿形式存在于现代水系（亚马孙河流域各支流的上游）的沉积中；东片则在巴西高原的东南缘，那里也有个地方名叫“迪亚曼提纳”。在这个被金刚石地层学界呼之为“东巴西岩区”的地界内，在米纳斯和伊塔科卢米的含金刚石的母岩里，有着世界上质量最上乘的硕大而完美的宝石。同一个巴西，为什么会有两个地方都叫“迪亚曼提纳（诺）”呢？其实这两个地名就是当地语言金刚石村的意思，是西语“diamond”的衍生。在这些地方都曾有自然显露的钻石散布。

巴西钻石矿田的分布大致有：

（1）米纳斯吉拉斯地区（Minas Gerais）：巴西第一颗钻石就是在该区的迪亚曼蒂纳发现的；（2）马托格罗索冲击钻田（Mato Grosso's）：葡萄牙于 1748 年占领马托格罗索区域，设立殖民机构施行

巴西钻石粒径不大而质地很好

矿产开发。此区首粒钻石发现于韦尔梅柳小山上，靠近钻石村迪亚曼蒂诺；（3）巴伊亚的迪亚曼蒂纳钻石高地（Chapada Diamantina in Bahia）：1842年，沿姆库格河（Mucuge）发现大冲积矿田，招来淘钻洪流，导致欧洲钻石市场爆满。钻石蕴藏于钻石高地蜿蜒流淌的姆库格河沿岸的沙砾中。河随山转，在大范围内形成环形冲积钻石矿田。

20世纪60年代，巴西政府在马托格罗索建立起6.3万公顷的大矿区，掀起开矿新高潮，已有50个以上的金伯利岩筒投入生产。这是巴西钻石由冲积矿开采转向岩筒开采的里程碑。钻石开发的新高潮也引发了"血钻"事件。

巴西"血钻"事件：

所谓"血钻（blood diamonds）"，本是指政治不稳定的一些产钻国家里，不同派系利用开采钻石

17 世纪中的卡斯考豪矿（cascalhão）

去交换武器，打内战自相残杀的“钻石流血”事件。

1999 年，近 3000 名钻石盲流非法进入“印第安人保护区”开采钻石。保护区内采钻是法律禁止的，以保存印第安土著人的故土遗址。但是保护区管理部门可容许印第安本地居民从事小规模的开采。联邦警察驱赶了那些非法采钻者，但是政府估计约值 5000 万美元的非法采钻走私到了比利时。

2004 年 4 月，禁区当局攻击了一个非法采钻团伙，打死 41 人。事件以后，该地区的紧张状态有所松弛。2004 年 10 月，巴西取得“金伯利进程”（KPCS）证书，以策划制止钻石冲突（“血钻”）进入主要粗钻市场。KPCS 起源于 2000 年 5 月在南非举行的“钻石生产国金伯利会议”有关决议。

3　女奴罗莎捡巨钻　米纳钻矿喷彩花

南方之星

巴西大宗的金刚石晶粒平均在 0.25 ~ 0.5 克拉之间。在 20 世纪 60 年代，东岩区的原生矿床金刚石的平均年产量约为两万克拉，在世界钻石市场上的价格达每克拉 20 美元。而一克拉以上的宝石级钻石的价格则高得多。东岩区金刚石的主要晶形是晶面弯曲的菱形十二面体、立方体的六八混晶体，晶体常常变形。约 40% 的钻石是无色的，还有许多不透明的白色及浅蓝色、浅绿色宝石。大多数绿色晶体在琢磨时颜色消失。20 世纪 70 年代以前，巴西和相邻的圭亚那一共只发现过四颗重量在一百克拉以上的宝石名钻，巴西三颗：重 261.88 克拉的《南方之星》；重 179.3 克拉的《米纳斯之星》；重 118 克拉的《南方十字星》。***到 1986 年，巴西发现的重量在 100 克拉以上的粗钻猛增到 51 颗。令人吃惊的是，这些大钻石都是在米纳斯西边发现的。***

开张百年始出巨钻，南方之星开创新局：

早在 19 世纪 50 年代，巴西的米纳斯（Minas）西部的巴伽良（Bagagem）地区就连续发现 2 颗罕见的大钻石，其中之一就是“南方之星”（Star of

South)。当时还没有“美国宝石学会”，“南方之星”的粗钻乃由法国矿物学家 Dufrenoy 鉴定，重 254.5 克拉，呈不规则带有凸面的菱形 12 面体，1900 年时估价约值£ 40000。

粗钻在阿姆斯特丹切磨成 125 克拉重的宝石，被印度巴罗达的盖洛克王子以 8 万英镑（合 89 万美元）买走，演绎出一段“西钻东购”的故事。

巴罗达黛妃戴着南方之星拍照

女奴罗莎“南方之星”是一个名叫罗莎的女奴隶于 1853 年 6 月在巴伽艮河（Bagagem River）里发现的，如今那里叫埃斯特雷拉城，巴西的钻石矿城。她把钻石交给了她的主人卡米西罗·德·莫拉伊斯，获得的报酬是恢复自由及退休金生活费。卡米西罗将钻石卖了 3000 英镑，比它的实际价位低。买主存放钻石于里约热内卢银行，预售价 3 万英镑。它的出世引起西方一阵躁动。粗钻在几个买主手中游走后，被阿姆斯特丹的科斯特公司（Coster）以3万5千英镑购走。随后被加工成重125克拉的椭圆垫式宝石，具有鲜艳的淡粉-褐红色彩，透明度VS-2，售给巴黎的哈芬（Halphen and Associates）联合公司。哈芬给钻石取名作“南方之星”。哈芬将其在1862年的伦敦展览会和1867年的巴黎展览会上展出，使它引得广泛关注。戏剧性的一幕出现了：此钻出现在钻石流尽的印度，一个印度土王马哈拉加赫在交易所看中了它，差点就以11万英镑成交；钻石还是退回了，又被留学英国的加埃克瓦德王子穆哈劳（Prince Mulhar Rao）用8万英镑从哈芬公司买走了它。“南方之星”在加埃克瓦德家族存留经年，装在一条78.5克拉的重的钻石项链上。美国宝石学家罗伯特·西普利1934年说那钻石项链连同南方之星是王族收藏财产的一部分，当时值一千万美元，封装在巴罗达的纳扎堡宫里。1948年，巴罗达的黛妃在她丈夫的生日庆典上带着项链拍了照。后来它被一个孟买商人买走，2002年卖给了巴黎的卡迪亚作坊；失钻之国印度终究没留住西来的“南方之星”。

难得一见真容的“南方十字星”钻石：

在同一时段的1857年，在相同的地点（巴伽艮地区），又发现了一颗重119.5克拉（一说重118克拉）的大钻石。发现后不久，该钻即被送到里约热内卢，被一位名叫德勒斯顿的珠宝商人派代表购走并带到伦敦交付，于是它便被称作“英格兰德累斯顿”（England Dresden）钻石。该钻重119.5克拉，外观显示它显然是从更大的结晶体上分裂出来的。这里引起一个悬念。

图一

粗钻送往阿姆斯特丹，由加工过“南方之星”的那位著名工匠科斯特（Coster's of Amsterdam）做成76.5克拉的蛋形宝石，加工失份较大。也是被那个印度王子买走了。后来它与“南方之星”一道，垂挂在三层珍珠制成的项链下方。大概就在这里，“英格兰德累斯顿”钻石改名为“南方十字星”的吧。这个印度土王子也真会折腾，钻石又都被卖往欧洲了，如今也不知在谁手里。

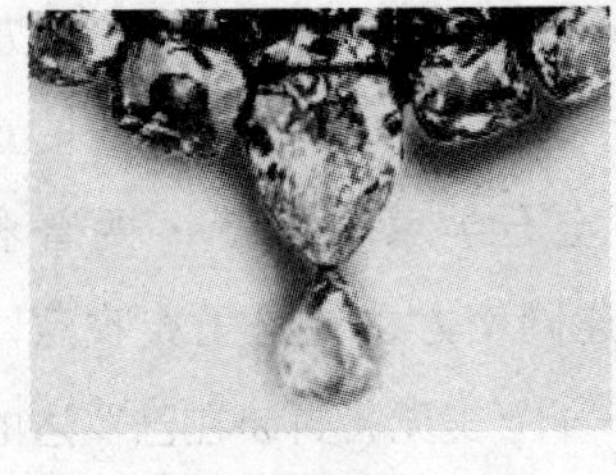

图二

项链下方连缀两个巴西大钻

巴西发现的最大钻石是“瓦加斯总统夫人”：

最大的巴西金刚石是米纳斯吉拉斯州的冲积矿

床里瓦加斯总统夫人钻石（Presidente Vargas），重达 726.6 克拉。它是两位挖掘工（Domingues 和 Tiago）在圣安东尼奥河的沙砾中发现的。那是在 1938 年 8 月 13 日。当时被一个钻石经纪人用 5.6 万美元买走。跟“南方之星”相比，这个价格好像有点低得令人难以置信。几经转手，后由阿姆斯特丹荷兰联合银行的下属辛迪加买走。美国珠宝商哈利·温斯顿知晓了这块钻石的信息，专程赶到伦敦洽购此钻。钻石用平信由邮船送往纽约。后来钻石被切割成两块，一块重 150 克拉，另一块重 550 克拉。

“瓦加斯总统夫人”钻石原钻

巴西钻石最大特点是盛产黑金刚石。黑色透明的金刚石是钻中极品！但大多数黑色金刚石（carbonado）只能供工业用途。黑金刚石的产地以巴赫亚地区（Bahai）为最，曾在卡帕达迪亚掘得一块重达 3148 克拉的黑色巨钻，重量超过了南非的“卡利南钻石”，是金刚石家族中的老大哥。但因其质贫色浑，进不了“宝石级”大殿，故虽为科学家珍贵，却得不到权贵赏识，因而也就未能引起特别轰动的持久效应。但它作出的贡献，却远远比缀在英王冠权杖上来得有益多了。

圭亚那自从被英国殖民者窃据，倒真是变成了第二个“印度”：那里的印度后裔占圭亚那全国人口的50%。这自然是因为两国同属英联邦，印度人大量漂移过来的缘故。该国的金刚石也和巴西一样，首先是从河谷积砂中发现的。在埃塞奎博河和德梅腊腊河的三角洲和流域内的冲积平原里，沉积下来的砾岩中富含星星点点令人销魂的宝藏。圭亚那钻石的质量很好，宝石级达75%，主要是无色透明的宝钻，少数是浅绿色、浅黄色和淡青色的。在众多小家碧玉环绕中，也簇拥出了一位绝代佳人——发现过重达155克拉的宝石巨钻。让我们以“圭亚那之星”来称呼这颗“米纳斯之星”的近亲姊妹吧。

六

俄国名钻——女皇之梦

楔　子

今天，世界上每五颗钻石中，就有一颗出产于俄罗斯。不过说来也怪，在俄国钻石历史上，俄国一直是个进口国，钻石出口还只是不久前的事。现在克里姆林宫展出的钻石收藏，全都是舶来品。

现存于俄罗斯的最著名的钻石，首推来自印度的“奥尔洛夫钻石”；其他著名宝石还有：“波斯王钻石”（Shah diamond）来自伊朗，重 88.7 克拉；红尖晶石“钻石”（Red Spinel）重 398 克拉，缀在皇冠上……

如今俄国钻石大多数出口，在国外加工。米尔内矿 Mirny Mine 是世界上最深的露天开采矿井。20 世纪 50 年代发现，盛产期间年产 200 万克拉。

俄罗斯生产的几可乱真的立方锆人工钻石，以低成本普及钻石装饰品，让人们在立方锆和自然钻石之间自由选择。

1　波波夫淘金得钻石　俄罗斯开局钻矿井

战胜土耳其的尼古拉一世

热衷扩张的俄国沙皇时代，对英、法等国的王室拥有大量印度古钻十分眼红，同样垂涎于漂亮的印度金刚石。为此，历代男女皇帝都没少费力气。1829 年，沙皇尼古拉一世登基未几的俄罗斯，这年刚刚从土耳其手中夺得多瑙河河口地区和高加索的里海沿岸大部分。也许是“南北呼应”吧，从鄂毕河下游的金矿区又传出惊人消息——俄国第一粒金刚石！这时，巴西发现金刚石已经过去百年之久了。而降好运于俄国的竟是一个孩子。

童工巴茨·波波夫淘金淘出了金刚石：

事情的经过是：年方 14 岁的童工巴茨·波波夫，淘金时从金砂里剔出了一粒小石子儿，这粒石头在淘金槽的水流冲洗下发出的光芒，竟比黄金颗粒的闪光耀眼夺目得多。他从来没有见过这么漂亮的“石头”，尽管他知道那绝不是金子——它比金子轻，但他也没舍得丢弃或让它继续随别的砂粒顺水槽冲流；这聪明的孩子把它交给了工头，又辗送到了矿上有学问的专家那里。俄罗斯此前尚未发现过金刚石，专家们在希冀和疑虑交织之中审慎地研究、比较，确认那石头原来是比黄金更珍贵的金刚石。当年的俄国，沙皇对内镇压革命党人，对外充当“欧洲宪兵”，正搞得囊中羞涩，钻石的发现不啻于一剂强心针。一个大规模寻钻的活动迅速地，近乎疯狂地展开了。寻钻热在印度曾是沿历史长河的流逝不断挺进，在巴西曾是如火燎原的狂乱骚动，此刻在地连欧亚大陆的斯拉夫土地上又再现了。探寻的结果，证明在原来的金矿周围，乌拉尔山以东的鄂毕河下游地区，是岩矿和砂矿兼有的富含金刚石的大矿区。这里的金刚石岩矿出露地表，而鄂毕河的冲积物中则是黄金和钻石互为伴生。所出的金刚石大部分是浑圆形的晶体，以十二面体为主，常常也出现近似于四方体形的，绿金刚石约占5%～10%。这一切显示它们带有典型的古金刚石标型特征。于是，继印度、巴西之后，俄罗斯以一个钻石巨子的姿态出现在钻石市场上，而俄国的地质学家们，又在更广阔的范围内一代接一代地去探求新的钻石宝藏。

俄罗斯变成了钻石出口国：

一百年过去了，革命后的苏维埃政权似乎抓得更紧并有所新发现，而卫国战争延缓了探矿进程。德、日法西斯甫一投降，寻钻工程便迅即恢复。其间，他们的足迹曾一度进入我国的新疆。1949年，在西伯利亚的东北部，从勒拿河的中腹地区发现了茫茫雪野上的第一粒金刚石，那是通过重砂取样在维柳伊斯河的河谷里得到的。有着鄂毕河寻钻的历史记载借鉴，勒拿河流域的寻钻工程以更大规模、更科学化的手段向四周纵深发展，终于在1954年发现了西伯利亚的第一个金伯利岩筒，并据而建立了面积近150万平方公里的雅库特金刚石矿区，这个矿区里有五个大矿田，18个以上的小矿田。该矿区的建立，使前苏联的金刚石产量猛然跃居到世界第三位，仅次于扎伊尔和南非。而这个国家80%以上的钻石正是来自西伯利亚的维尔霍扬斯克山脉以西的勒拿河流域。据资料显示，他们在亚速海和哈尔可夫之间的砂矿内又找到了含原生金刚石的金伯利岩筒和岩墙。西伯利亚大钻田使俄国人变钻石进口为自给有余。也许，俄罗斯作为第三个产钻大国来说，是唯一没有遭受外国掠夺的国家。反过来，它也没能攫取到别国钻矿的开采权。沙皇不是不想掠劫印度甚至巴西的钻石，而是它一直疲于对中国和其他邻国的侵占扩张，加之受到强烈抵制，腾不出手来罢了。其实，俄国人对于印度钻石的知晓比英、法等国要早。

2　接踵女王喜名钻　联袂奇宝入皇廷

时间要追溯到15世纪下半叶，俄国有位旅行家叫阿发那西·尼基丁（Афанасий Никитин），在1468—1472年间旅居印度，比法国的塔沃尼早二百年。他所写的《三海纪行》一书，对印度的风土人情、宝石香料记述详备，该书正式出版后广为流传。印度钻石的神奇美妙缘此书而给俄罗斯宫廷留下了难以磨灭的印象。后来英、法等国都从印度搞到了钻石，沙皇及其臣僚们就更为眼热了。

安娜女皇渴求获得巨钻：

据说，彼得大帝的幼女安娜在登上女沙皇宝座后，极欲弄到名贵钻石以更显尊荣，登基时而念念于兹。她的皇冠上那颗重395克拉的“钻石”（实为红尖晶宝石）就是从中国掠得的。1739年她的表亲托斯康公爵正陷窘迫，安娜便趁机想把托斯康公爵的一颗名叫“佛洛伦萨”的名钻弄到手。时为1735年，她派一支宫廷卫队携其亲笔信，一文一武远涉科西嘉海峡，与那个避居离岛之上的公爵洽谈，意欲乘人之危低价索购。她的这种强逼手段虽未达到目的，攫钻的心愿却由此传了下去。

叶卡捷琳娜二世女皇与奥尔洛夫：

安娜的儿媳妇叶卡捷琳娜二世原属德国籍，她的丈夫彼得三世继位才只6个月，她便谋杀亲夫，被以统帅“御林军”奥尔洛夫为骨干的亲信、同谋们拥立为女沙皇。她之梦寐以求名钻的心思与阿婆一般无二。佞臣们揣摸她的心思，终于由奥尔洛夫伯爵自土耳其购得了一颗印度名钻。奥尔洛夫将这颗重近195克拉的巨钻献了上来，叶卡捷琳娜二世喜不自胜，1772年，叶卡捷琳娜二世把这颗佞臣送的钻石命名为“奥尔洛夫”而饰于沙皇权杖，朝夕相伴，宠荣莫名。有了与英、法王冠上的宝石相抗衡的名钻，女沙皇的虚荣心藉此得到了某种满足。但是，奥尔洛夫伯爵却是失望至极！原来他是这位“俄国武则天”夺取皇位的杀手和功臣，其兄弟俩之于叶卡捷琳娜二世，一如唐周的张宗昌兄弟之于武则天。

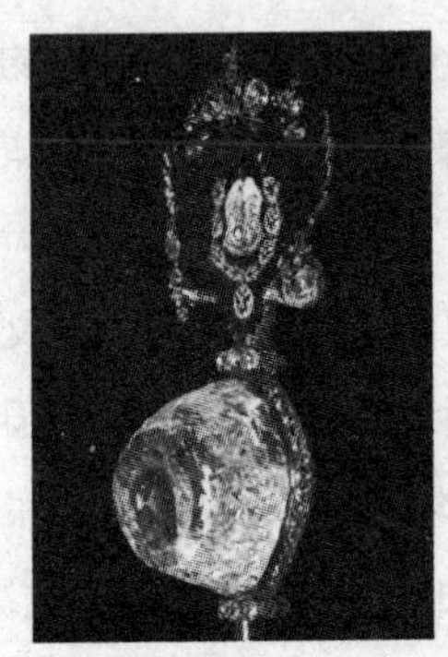
镶于权杖上的奥尔洛夫

叶卡捷琳娜二世女皇

奥尔洛夫钻石原是印度神像的眼睛：

奥尔洛夫这颗历史性名钻原产于印度宝山矿，粗钻重300克拉。色度微带蓝绿，透明度清澈而纯净。许多历史掌故都围绕着“奥尔洛夫钻石”发生，有多种依稀相似的传说，可信度最高的一种说法是：此钻最初是被一个法国逃兵从嵌在印度毗瑟奴神像的眼睛里取得的。神像立身的庙宇位于南印度（更具体的说法是斯里兰卡）高维里河中的洲岛上。大殿被七重配殿和围墙维护，异教徒只能进到第四重围墙外。这个法国掷弹兵从卡纳迪克战场叛逃，躲到了这个孤岛上，“皈依佛门”当了一名僧侣。他是有备而来，在庙里蛰伏多年，获信任而能进大殿单独接触镶钻的神像。1750 年前后，他伺机从这尊单眼佛像（按：或为眉间天眼）的眼中撬下了钻石，惶惶逃至马德拉斯（今称金奈）。（一说“这个法国人在挖取一侧眼座中的钻石时受到了惊吓，没敢偷另一侧眼里的宝石”云云，似不合情理。）在那里他寻求英国军队的庇护而卖出了钻石。钻石在接下来的一段时间里转手于多名商人之间，一直流落到阿姆斯特丹，先由一个名叫沙弗拉斯的亚美尼亚（或说波斯）钻石富商揽入囊中，然后高价卖给了正在搜寻大钻石的一个俄罗斯伯爵——格利高里·奥尔洛夫。伯爵付出了 40 万荷兰弗洛林（或说 90000 英镑）。这也是此钻被称为“奥尔洛夫”的缘由。伯爵原系叶卡捷琳娜女皇的情夫，但当时已经失宠。他买得钻石带回俄国献给了女皇，期冀藉以挽回女皇的芳心。叶卡捷琳娜收到厚礼，且将其置于权杖之顶，可谓珍爱；她还回送了一座大理石官邸给奥尔洛夫。但是，叶卡捷琳娜二世早已另有新宠了，奥尔洛夫没能挽回失去的爱，在极度沮丧中死去。

传说这粒钻石也是赋予了神灵的，一个轶事戏说道：1812 年拿破仑兵临莫斯科城下，俄罗斯人忙将钻石埋藏在一座神父墓里。拿破仑带兵去发掘，坟墓被凿开了大洞，当一个士兵探手进去刚一触摸到钻石，神父的鬼魂突然出现并发出了可怕的诅咒。拿破仑于是仓皇逃开去，没能拿到奥尔洛夫钻石。

奥尔洛夫钻石与莫卧儿大帝钻石：

有位俄罗斯的宝石专家认为，奥尔洛夫钻石是由原“莫卧儿大帝钻石”切成两半而成的。此事本书前面已经叙及。不过，即使是这样，那也是发生在神像故事之前的情由，并不影响镶在神像眼睛上的钻石的后来传奇。

结束语

半个世纪后，幸运儿尼古拉一世因其兄厌俗相让而白捡了一个王位，紧接着发现了俄罗斯的首钻，到底，俄国人的钻石梦是里外实现了。自此伊始，俄罗斯迭次拥有了乌拉尔和西伯利亚这东、西两大钻矿田，便具极度行动自由，贱可进贵可出，一直对钻石市场保持着有力的影响。1984 年，前苏联的钻石年产量高达 2200 万克拉，这一势头长保不衰，延至巨变后的今日俄罗斯，1994 年的钻石年产量仍保持在 120 万克拉以上。俄国钻石以工业用钻开路，但高质宝石级钻石仍占 25%，年产

300万克拉；2007年宝石级钻石出口已高达2330万克拉。俄罗斯正在谋求把它们在世界钻石垄断组织中所占的销售份额由26%增至33%，并有权自行直销。两样合起来，俄国将占世界钻石总销售联合的一半。也许，西欧垄断钻石市场几世纪的局面会被打破，但北极熊似乎也不是善类吧！

七

南非名钻——卡里南

1　瓦尔河黑孩子信手惊天
英格兰病少年锐意掠国

《卡里南钻石》的故乡南非是荷兰人于1652年最先抢占的殖民地。自德拉肯斯堡高山奔腾而下的瓦尔河，从东向西汇入奥兰治河，把这块神奇的土地天然地划分为“德兰士瓦共和国”和“奥兰治自由邦”，这两条河流上，峡谷瀑布，激流险滩，甚少航行之便，却富蕴水利资源，尤其是两河交汇的冲积洲原野上，正是物华天宝甜睡的摇篮。这里世代祖居的黑非洲各部族人，做梦也没想到他们的田园、牧场下面，埋藏有世界最罕见的珍藏。河谷的沙滩上，浅水里常有一些像露珠一样玲珑的光闪闪的小石头，任谁也没把它们当作什么稀奇。1867年前的某一天，这种小石子忽然有了精怪似的变化，把一个黑孩子迷住了，这孩子那天赶着羊群，沿着桔树婆娑，绿草茵茵的河岸放牧，一时童心大发，涉下河滩，在浅水边玩起了沙戏。忽然，他看到一颗石头在向他眨眼，一闪一闪地，既像在对他说话，又似在向他招手，真有意思呀！他把它捧起带回家了。然而，他不知道这是颗可买几大群羊的宝石，便把它撂到了一边。时光荏苒，造化弄人，也不知过了多少时候，又是一个偶然的机遇，这颗“石头”被一位货郎似的寻钻人幸运地邂逅。已无从追究这个黑孩子事后得到了什么奖偿，这粒石头却成了南非乃至整个非洲的金刚石始祖。由此引起的金刚石热，把世界轰闹了一个多世纪，至今那里仍是钻石火爆新闻的高发源地。它还引发了地质学上的一个新专题的学科研究：《金伯利岩》。

琢磨怎样把黑人的“石头”骗过来

这一年正是 1867 年——南非钻石史的始纪年。根据黑孩子指点的方位，人们一齐涌向两河交汇的三角地带，沿瓦尔河和奥兰治河找呀找呀，不久又从砂砾里找到了三颗钻石，其中一颗大如鸽卵，重

83 克拉。于是飞星传讯，蜂团蚁集，把河岸挖得坑潭成串，砂滩连云。但钻石似乎从沙滩隐形了，人们便又转向内陆，渐渐分帮结伙，建立了什么“寻钻石协会”，辛辛苦苦一直折腾了三四年，事情才有了戏剧性的巨大转机。有关史料曾被美国畅销书作家谢尔顿当作素材写进了《滴血钻石》一书里。

第二颗钻石是 1869 年在瓦尔河的冲积滩里发现，重 83.5 克拉。被切割成一颗椭圆形的三边宝石，重 46.5 克拉，纯净如水，堪比最好的印度钻石和巴西钻石。它被达德利伯爵夫人以£ 25000(合 $ 3476638)买走，所以有时称其为“达德利钻石”。

1872 年又在冲积滩上发现极大的“斯图尔特(Stewart)”钻石，发现人是两名勘探者：Robert Spalding 和 Antonie Williams，地点是瓦尔（Vaal）的瓦尔德克农田里。它重 288 3/8 旧克拉（296 新克拉），以最大的开普钻石保存多年。粗钻首次转让价为 £ 6000（ $ 652000），立即被以 £ 9000（ $ 978000）转手；后成一颗微黄色宝石，重 120 克拉。

第三颗是“波特 · 罗德斯”钻石，1880 年 2 月在金伯利发现。粗钻重量为 150 克拉或 160 克拉。这是颗完美的白钻，呈现蓝白色，其美丽被赞许为超过所有的其他南非钻石。其拥有人花费

£ 200000（$ 21731000）。

1884 年已到欧洲的一颗重 457.5 克拉的“维多利亚”钻石，只知其来自南非。粗钻呈不规则的八面体，从它切割而成的重达 180 克拉的非常漂亮无色宝石，有几个不同的称呼，诸如“维多利亚”，“帝国钻”或“大白钻”。1900 年以 £ 6200000（$ 673661700）售出。

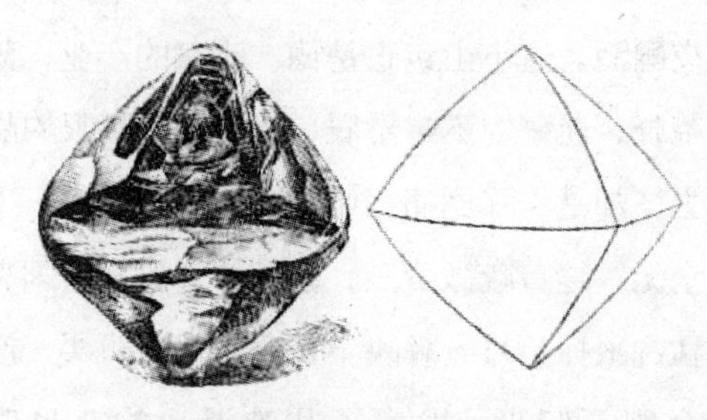

“维多利亚钻石”（Victoria）图形

这时的南非，荷兰人仍占着绝对的优势。所谓“德兰士瓦共和国”和“奥兰治自由邦”，就是荷兰人为了更牢固地奴役黑人而建立的。两百年来的殖民经历，荷兰人在这里扎下了根，荷裔成了南非的一个白人部族，号称“布尔人”。内中有一对名叫德·比尔斯（De Beers）的兄弟，在瓦尔河畔的金伯利地区经营一座农场。寻钻热打乱了他们平静的田园生活：先是幸运之神蓦然降临于这世代为农的两兄弟——他们恰在这时犁出了一颗金刚石！经不住一再的怂恿，哥俩将农场盘给了“寻钻协会”。可是，庄稼毁了，地像梳地一样被深翻了，渴求的钻石却颗粒未见。一股冰凉的失望情绪像不祥的梦幻袭上了德·比兄弟和伙伴们的心头，万般无奈之下酒入愁肠，一个个喝得烂醉如泥。酗酒者中有个老人叫戴蒙，原本操厨为生，此夜醉态最是不堪，闹得人们厌恶已极，眼看一场殴斗在即，戴蒙的雇主便将他拉出户外，让他到不远的小山包上去晾夜醒酒。这小山包正是德·比家的产业，戴蒙醉卧荒野，迷蒙中不辨星辰，挥手朝着眨眼的晶亮儿拍去，却是一阵剧痛直刺心窝。他叽灵灵一下子睡意全无，趁着曦微萤照，狼扑羊一般向着闪亮的地面猛刮狠抓！晨光辉映下戴蒙手捧着可买一座城地的金刚石归来，发出了几难遏止的疯也似笑声……“寻钻者协会”的成员们不需任何动员，人人迅若脱兔，刹时锄林锹雨，欢呼幸运之神骤然降临。德·比兄弟声嘶力竭费尽周折，“寻钻者协会”终于建立了“德·比钻矿有限公司”，以这座山头为中心，原始的发掘工作进行得超乎想像的神速，山头变平地，平地化深坑，锅底竟深达一千余米。德·比公司的出产以空前的规模冲击了世界钻石市场，但钻石价格的主宰却是英国人。钻石过剩而价格猛跌，使得不久前刚刚腰缠万贯、踌躇满志的德·比兄弟们，立刻因浩大开支而陷入了窘境。而且，滥采引发了灾难性的洪水和泥石流，野兽般地吞噬了无数矿工的生命。寻钻者们的信心顷刻化作了乌有。

趁着一片萧条，有两个不速之客这时来到了南非，收拾了生机隐存的残局，一个是年方17的英国阔少，名为塞西尔·罗德斯（Ceeil Rhodes），本意是想暂离终年雾锁寒遮的英伦，借南非的温和气候来改善他单薄的身架；但英国人天生的钻营头脑，使他一入宝地，便发挥冒险传统作出惊天之举：从发财梦破灭的小矿主们手里购下了几乎所有的租地。但他却遇到了一位强劲对手，那就是巴尔列特·巴雷托（Barnett Barnato），他瞅准空子，先罗德斯一步把“德·比公司”抓到了手。双方都抱定卧榻之侧不容他人酣睡的宗旨，展开了一场尔虞我诈的竞争，所谓狭路相逢勇者胜，僵持中巴雷托处了下风，于是同意与罗德斯休战并联手，南非金刚石开采业的大合并由此二人完成了。罗德斯甚

创业时期的塞西尔·罗德斯（后成开普殖民总督）

有手腕，罗织章程兼顾了各方利益，沿用德·比兄弟的老名牌，组成了新的托拉斯“D·B联合矿业有限公司”，亦即现在全球赫赫有名的“德·比公司”。1889年，该公司对金刚石生产的强力垄断得到了世界确认。

形势虽然渐趋明朗，隐伏的危机也接踵而至。原来，罗德斯的组织活动之所以如此有效，是因为他背后有英国罗齐菲尔德家庭的全力支持。英国财团在南非矿业所投的资金越多，完全攫为己有的野心就越大，与荷兰统治集团和南非布尔当局的矛盾就越尖锐。老牌殖民强盗荷兰自从在《英荷战争》中战败，把“海洋霸主”的掌门让给英国佬后，从来就没有甘心过，可谓复仇之念无日不有，英国人则要做南非及其所有黄金和金刚石的主人！双方磨刀霍霍，杀气腾腾，英国先发制人，于1899年向布尔人发起进攻，这是继两百年前的英荷战争之后，双方又一次为钻石霸权展开的较量。英国人来南非比荷兰人晚了一百多年，但布尔人是种族偏执狂，宁认英佬作父，不为黑奴为友，刚刚在十余年前出卖了祖卢人，帮助英国占领了莱索托飞地。布尔人这种引狼入室的愚蠢行为，如今要自食其果了。英国人早已对整个南非进行了无孔不入的渗透。战事一开，尽管布尔人占有主场之利，还是惨败了。1902年，大势已去的布尔人城下签盟，英国正式吞并了德兰士瓦和奥兰治，连同它的所有金刚石矿。

当年的柔弱少年罗德斯成了世界大亨，他的钻石王国控制着世界80%以上的钻石产量，占据着相当于法国版土面积的广阔土地，如替失了大好天下的德·比兄弟及那些为他人做了嫁衣裳的开拓者们反思，他们自己的短见和贪婪互斗才是造成罗德斯机遇的温床。至于布尔人的失败，除了斥之以无能劣行，是不需给以任何什么别的同情的，只有那些牛马不如的矿工，包括一些华工，一样的流血汗，一样地被搜身，永恒的暗无天日。

南非最著名的金刚石矿有“大托梯茨堡”(Dutotitspan)、“D·B”、“金伯利”(Kimberley)、“布尔特弗诺腾”(Bultfnotin)、“加格斯弗诺腾”(Jagersfnotein)和“普列米尔(Premier)。世界钻石史上最令人震奋的巨大发现，就发生在普列米尔矿里，也即是许多书籍和资料所说的“总督矿山”里。

那是1905年1月的一天，普列米尔矿的总监费·韦尔斯在矿下逡巡，矿灯照见井壁上有一团凸出的物体，尽管被岩屑包裹，却异样地熠熠生辉，他立即亲自动手，把这东西挖了出来，凝视着手里这块奇妙的岩石，他周身的血液似乎一瞬间凝固了起来，多年的矿井生涯，丰富的专业知识，使他立刻明白，他捧着的是一块闻所未闻，甚至想也未敢想过的空前硕巨的钻石。他颤颤悠悠地由人护着回到地面，公司的鉴定证实了他的发现：那是块重达3025克拉的金刚石（亦有资料说重3016克拉或3106克拉，末微之差毋庸细考），是几近完美，极少溶解痕迹的原生宝石类巨钻，根据钻石用途分类学，它与从巴西卡帕达迪亚掘河的重3148克拉之黑钻石一道，至今仍各自高居宝石钻和工业钻的世界重量之最。

一百多年前的“总督（Premier）矿山”

韦尔斯

西方新闻界以最快的速度，制造了轰动世界的效应。钻石被命名作《卡里南》（the Cullinan），乃缘于当任钻石公司的总裁托马斯·M·卡里南爵士（Sir. Thomas M. Cullinan），矿山所属德兰士瓦省的英国总督，以十五万英镑的巨资将钻石买下，准备向国王进贡以固宠。谁知道，嗜钻如命的英廷头儿爱德华七世，竟还作态忸怩了一番。

2　丘吉尔说媒卡里南远嫁英伦
天之娇解体玛丽后全聚家珍

“卡里南钻石”从1905年1月被发现至1907年11月抵伦敦，历时差不多整三年。以英人办事的效率，这未免显得太蹊跷。其中隐情，当需细细剖明。

六十岁即位的爱德华七世

斯钻发现之日，恰显英王爱德华七世登基四周年之时。这个当了六十年皇太子，直到六十一岁时其母维多利亚女王去世才继位的老国王，对南非政局的复杂性是心中有数的，与维多利亚女王力主扩张的强硬手腕不同，爱德华七世在当“威尔士王子”时，即呈某种自由主义倾向，主张“建造更好的国际理解”。与荷兰争夺南非的“布尔战争”是维多利亚女王在位时发动，却又是在爱德华七世接任后的翌年才结束的，在他手里完成了对南非的完全吞并。

德兰士瓦总督要把钻石献给他，其动机昭然若揭，不待细言。但爱德华七世也知道，荷兰人在南非的根基深，布尔人与黑人的种族对立情绪严重，动乱的因素繁多又敏感。英国作为征服者，与布尔人和黑人部落都形成了对立面。眼下德兰士瓦和奥兰治虽被强并，但远未真正臣服，兵威犹在，寸恩未施，立刻便要把轰动全世界的南非珍宝劫往英国，他也真怕惹出什么乱子。何况，正称霸欧洲大陆的德皇威廉二世，还有后起的美国人，对“卡里南钻石”也都虎视眈眈。所以，尽管他深心万分属意“卡里南”，对行接纳之举却难以贸然定夺。

这时，后来成了二战大英雄的温斯顿·丘吉尔（1874—1965）出来说项了，此君方当而立，亲身参加了征服南非的布尔战争，时任殖民大臣老张伯伦的副手，即所谓殖民次官，南非事务正是他的所辖。他认为“卡里南钻石”的出世和进取精神，正是大英帝国的“黄金时代”的象征，理应坦然接纳，无须迟疑。擅长外

时任殖民次官的丘吉尔

交的爱德华七世一听此言，正中下怀，他说本热衷文艺沙龙，醉心游泳骑马，以爱情浪漫和生活放纵引致其母不悦，直至两鬓繁霜，年过花甲，才按自然规律继位，想一想自己在位能有几年？空有才华抱负，苦奈迟暮多病，连加冕典礼都不得不推后了好几个星期，莫不是这“卡里南钻石”的入宫，真是个转运的兆头？母王在位长达64载，头顶英、印双王冠，光从印度就获得了包括“光明之山”在内的好几颗巨大的宝钻，使得皇室增富，冠杖添辉；如今寡人毕竟已是冠冕加额，权杖在手，正该也为皇室再留点东西为是，念及此，爱德华七世粲尔颔首，爽快地采纳了丘吉尔的进谏，接受这颗让世界上所有的国王和总统都眼红的《卡里南》。

德兰士瓦总督只花了15万英镑购得此钻，仅相当于今日美金约900万元，实际不啻于“抢”。不过，为防意外而投保的金额却十倍于兹。若按今天的钻石行情，这虽然仍旧低得叫人难以相信，却已是一笔相当大的金额。如何才能把“卡里南钻石”安全送抵伦敦呢？当时还没有能越洋的飞机，好在英国人一向机灵善诈，决定“明修栈道，暗渡陈仓”，于是先秘密制作一颗形体相仿的水晶赝品，启运前举行了隆重的送献仪式，鼓乐吹奏，由总督亲自手捧“珍宝”，堂皇郑重的送至由开普敦驶往伦敦的英国邮轮上。真正的“卡里南钻石”则早已经悄悄地躺在邮件包裹堆里，备受凄凉……

爱德华七世平安收到这颗钻石原坯时，恰是他的66岁生日——1907年11月9日。此时的德兰士瓦仍属行省总督制，钻石献上了，忠心也敬达了，但到了1910年，德兰士瓦还是降格并入了统一的英国自治领“南非联邦”，永远失去了相对独立的地域自治的地位。

爱德华王子和丹麦公主

“卡里南钻石”如此之巨，原坯不宜长置，需要尽快加工。皇室请了荷兰首席切削工匠约瑟夫·阿斯切尔和琢磨工匠柯依共同承担此艰难的任务。据说许给这两位工艺师的酬劳竟是：钻石切割后，分体中两块最大的归国王，其余的全归阿斯切尔弟兄！这真是大方得叫人意外，至今谈来仍仿佛是天方夜谭。也许英国皇家的钻石原坯一向来得容易，而掏出现金却有为难之处吧。凭心说来，高超的技艺原也是无价之宝，钻坯是天物，手艺是天工，一对儿齐。不信，谁把那拳头模样的钻石缀到皇冠上去戴戴试试！

今且按下加工细节留待专章，继续说“卡里南钻”在英国皇家落户的情况，这块巨钻最后加工出大小105颗宝石，其中九颗为大宝石级，另96颗为宝石级，由工艺师依序编号，归在“卡里南”名下。“卡氏一号”当时的标重为516.5旧克拉，合现重530克拉，为一梨形宝石，被国王命名为“非洲之星”，镶嵌于其权杖上。而镶于王冠上的“卡里南第二”的重量则为309.5旧克拉，合现重317.24克拉，形如裁头方锥。此二钻分则各嵌冠杖，合便成一胸饰，送至英国皇家时，已是九个多月以后的事，亦即到了1908年的深秋了，此时英伦三岛朔风渐起，虽得宝钻，却难抑经济大萧条的寂寥。像“希望”那样的魔影，似乎也附上了“卡里南”身上。面对德皇威廉推行“史里

卡里南钻石的四位拥有人和继承人：爱德华七世（最右）；儿子，后继位称乔治五世（最左）；孙子：爱德华八世（左二），乔治六世（左三）

芬战略”的阴霾，爱德华七世力主联合法国，促进欧洲同盟。但他的这类政见，又频遭保守的上院否决，才志不得舒展，终致郁郁而终，时为1910年，正式佩钻不到两年光景。

按初约，尚有102颗钻石属于工匠阿斯切尔兄弟所有。爱德华七世最先相中了大宝石级的“卡里南第六”，自己买回来送给了他的王后亚丽桑德拉公主（Alexandra，1844—1925），以纪念他们终身不渝的爱情。亚丽桑德拉本是丹麦国王克里斯蒂安九世的女儿，16岁时初逢来访的威尔士王子，双方一见钟情，热恋三载，鸾凤而生六子女，继父为王的乔治五世即为其次子。她在重大国事活动时总不会忘了佩戴上卡里南第六。

1910年成立的“南非联邦”殖民政府，恰逢老王爱德华七世去世，新君乔治五世继位的尴尬时候，这红白喜事一遭儿办，总得有所表示。得，还是在“卡里南”上面打主意，工匠阿斯切尔手里还剩有101颗“卡氏千金”，联邦政府出资全部买了回来，献给了新君乔治五世的王后玛丽（Victoria Mary，1867—1953），玛丽之母是维多利亚女王的姨甥女，爱德华七世的姨表妹，所以玛丽和乔治五世亦是远表亲。她的皇室血统和王后的地位，正是藩邦向宗主国誓忠的绝好对象。玛丽王后收到厚礼，将卡里南第三、第四、第五、第七、第八等五颗大钻都制成了造型各异的项饰和胸饰，卡里南第九最小，重量只4.4克拉，玛丽把它镶成了一枚钻戒。其余96粒的小宝石也都派了用场，至此，加工后的“卡里南钻石”的大小一百零五颗成钻全归了英国皇家，并与王位一起代代相传，它们当今的主人正是伊丽莎白女王。

戴钻抚狗的玛丽皇后

“卡里南”至今仍保持着钻石里的两项世界纪录：宝石原坯重量第一；宝石成钻，重量世界第一。在英国人攫得它并大展虚荣的近百年里，似乎也是“噩运”随形：爱德华七世拥钻两年多，恰是他王运最艰之时，且前后在位只有九年，又夭折太子，真是不幸多多；张伯伦父子在两次大战中险把英伦断送；爱德华八世“不爱江山（当然也无法爱“卡里南”）爱美人”，

伊丽莎白二世满戴卡里南

泥古不化的王室内外，两院上下一片沸沸扬扬，到底也无奈“温莎公爵”何；至伊丽莎白二世，王储任性，戴妃风流，英国更从“日不落”变成了西风瘦马，降级为二流国家。当年火烧圆明园的英法联军，签订《英日协定》而明赞暗助日本践我中华的英国人，本来是见宝就抢，不得手不罢休的，但自从得手卡里南，宁日何曾一日有？况且，倘若伊丽莎白女王有机会去访问今日南非，也戴上卡里南第五制的胸饰招摇过市，南非人会作何感想？

3 “卡特（Cut）”决钻石生死
造型有规则可循

英国王室把“卡里南”钻石委交阿斯切兄弟加工：

卡里南原钻送到伦敦请爱德华七世过目后，立即转到阿姆斯特丹，交由荷兰的“皇家阿斯切钻石公司”切割加工。如前所述，爱德华只要钻石解体后的两颗最大的（条件是最大的那颗成钻依旧是世界最大的钻石），其余作为工匠的酬劳。这个协议当真匪夷所思。

二十世纪初的钻石巧匠约瑟夫·阿斯切（Joseph Asscher）：

约瑟夫·阿斯切尔和他的兄弟亚伯拉罕（Abraham）一起，于 1854 年在阿姆斯特丹建立

“皇家阿斯切钻石公司”，以传统“垫式切割”起家，后受文艺复兴台式切割法的启示，发明了自己的专利——著名的“阿斯切钻石加工法”。

阿斯切兄弟接到加工“卡里南”钻石的活计，深深的使命感使他们在兴奋中寝食不安，备受熬煎。约瑟夫整整构思了六个月，准备了当时最先进的各式工具，做了逼真的玻璃和蜡制模型，和他的加工小组反复演练。终于到了动真格的时候了——阿斯切把钻石夹在特制的坚固台钳上，在预先琢磨过无数次的理想位置上压上刀具，右手举起铁锤狠狠地砸了下去！不过，钻石毫发无损，刀具却当啷一声折断了。有点偏位了吧，阿斯切立即换上新刀具，深深地吸口气，再次举起了铁锤；他的兄弟亚伯拉罕和一帮亲友部属在一旁紧张得透不过气来。

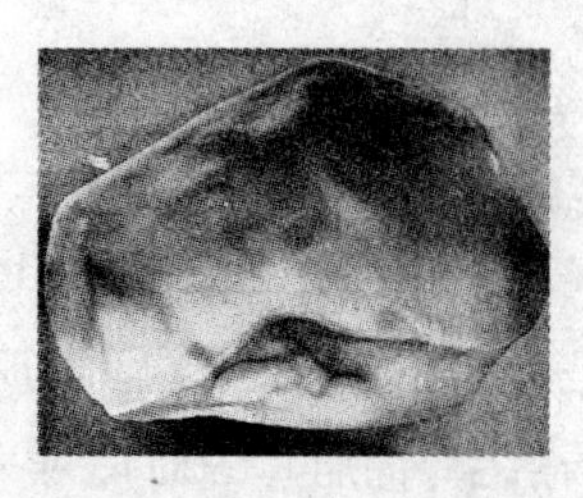

上“断头台”前的卡里南

约瑟夫这一次成功了！“卡里南”被劈成了两大半。在一阵欢呼声里，这位成功的巧匠晕了过去。

第二次劈裂成的两大块钻坯中，一块大的重2029.94克拉，另一块重1068.09克拉。从大的那块制成了重530.20克拉的卡里南一号，一直保持最大加工宝石的纪录达百年之久，才被泰国国王的

“五十嘉庆钻石”超过。

重达3106克拉的粗钻一共制成了9颗小宝石和96颗小宝石；这105颗大小钻石合重1063.60克拉，占原钻重量的34.25%。

4C中的第四个C——“Cut”:

我们前面已把钻石的四个“C”讲了三个，它们是克拉（Carat）、颜色和透明度；如今要结合“卡里南钻石”的加工（Cut），来专讲这第四个“C”了。

Cut，就是把粗钻加工成各种造型的钻石宝石，也就是切割、打磨、抛光去疵等工序的总和。

钻石的造型:

各种造型要有适当的长宽比，使钻石造型看起来爽心悦目。

圆形切割法（ROUND CUT）：钻石加工的首选模式，最经典最耀眼。该法可360度刻面，较其他模式的刻面为多。

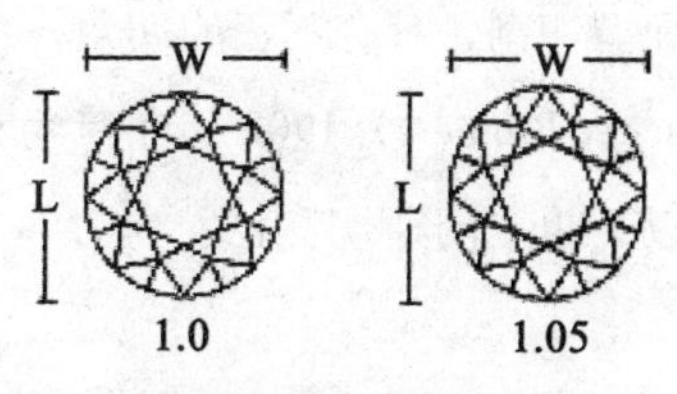

L÷*W*=Length to Width Ratio

Preferred Range（Ratio）

公主型（PRINCESS CUT）：是仅次于圆形第二优选模式。是仍具有圆形特色的正方形。

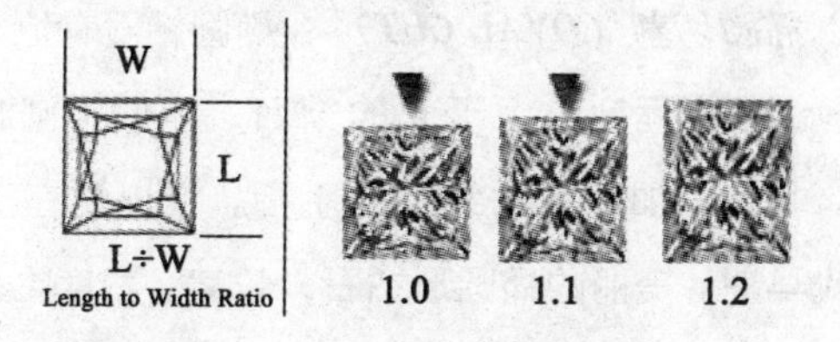

祖母绿型加工（EMERALD CUT）：钻石可以成矩形或正方形，带有斜面切角和梯形刻面。这种形状确实炫耀出一颗钻石的透明度，垂直度可以改变。长宽比将会帮助你找到需要的形状。

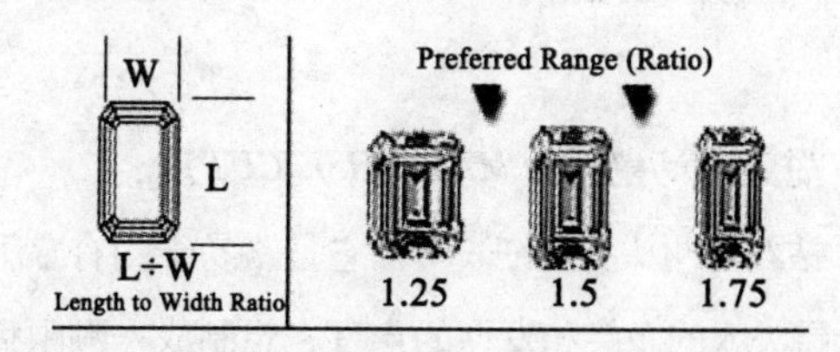

上钉下方型（ASSCHER CUT）：钻石被成为

平面祖母绿型切割，带有不正的切角，系由阿斯切兄弟（Asscher Brothers）1902 年在荷兰发明且获得专利。所以又叫“阿斯切”法。

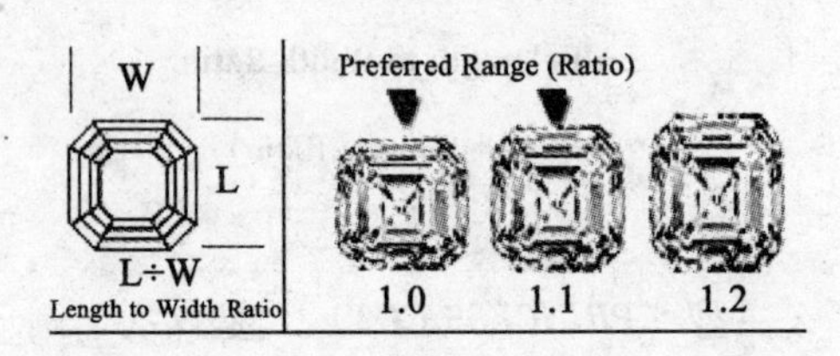

椭圆切割（OVAL CUT）：椭圆钻石有惊人的辉煌，很大程度上由于它的刻面，类似于圆形钻石。长度可加长犹如纤细的手指。它出现在 1960 年代早期。美丽的椭圆形钻石，长度，宽度比率应在 1.4 和 1.6 之间。

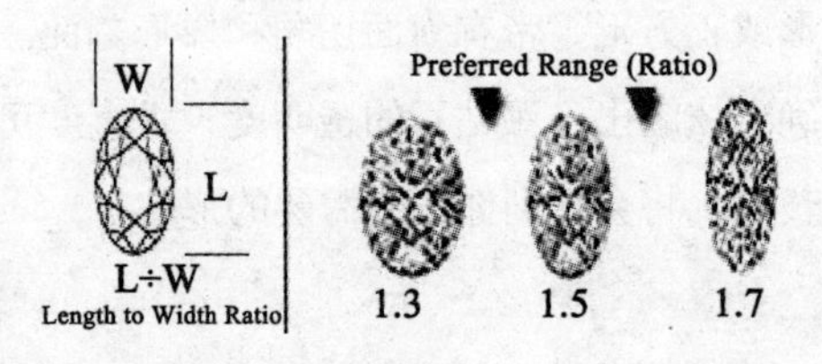

榄尖形切割法（MARQUISE CUT）：

钻石呈两头尖的细长形。它是路易十四有感于情人侯爵夫人的微笑和发型的启发，想制成一颗跟嘴形和发型相称的钻石来映衬。所以此法也称“侯爵夫人”型。榄尖形的长度也可以使手指显得更纤细。

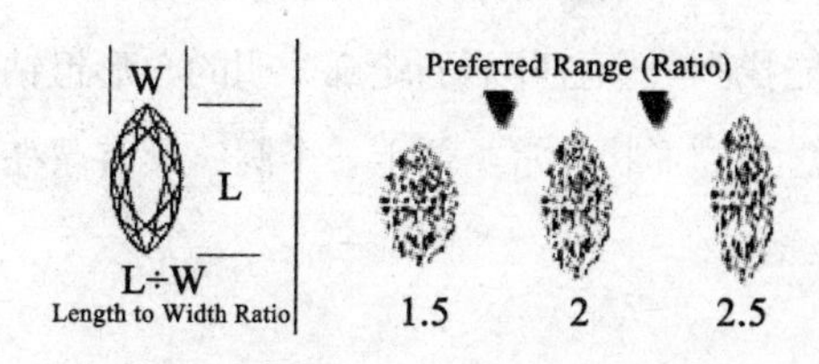

梨形(PEAR CUT):此是椭圆形和榄尖形的结合体。良好的比例,形如水珠闪闪发光。最宜做耳环。

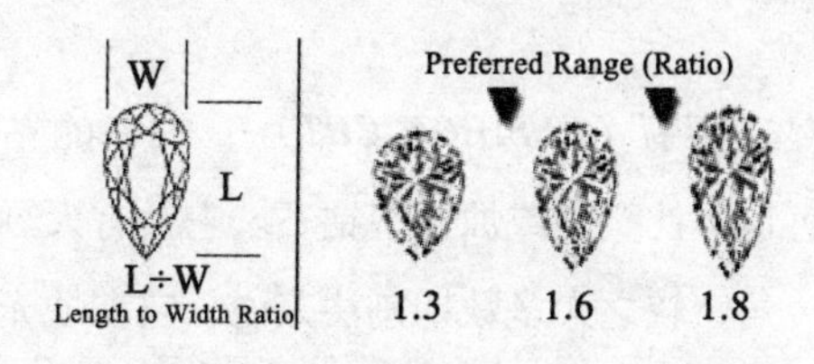

辐射型切割法(RADIANT CUT):

钻石切成一个带有斜面切角的矩形。辐射型钻石的切割面使钻石具有独特的碎冰块似的外观。钻石的折射光可随辐射角度而变化。

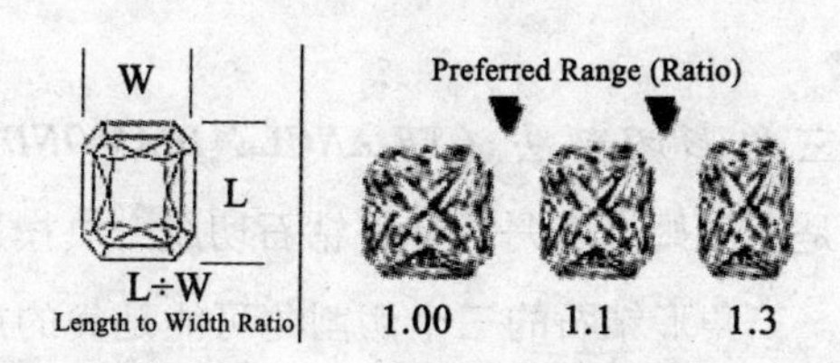

心形切割(HEART CUT):心形钻石可能很

难找到，但它被认为是带感情色彩的钻石形状。加工前能找到一个心叶形的轮廓分明的心形粗钻是重要的。它的形状非常类似于一个圆，具有漂亮的闪耀度。

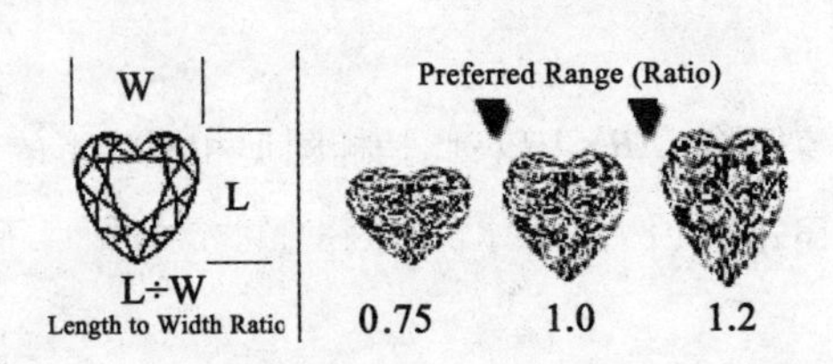

垫式切割（CUSHION CUT）：古老的钻石切割法，也称枕头型或烛光型钻石。它具有大刻面和圆形转角，较之大多数切割法来说，它在烛光下能增大闪耀光辉。

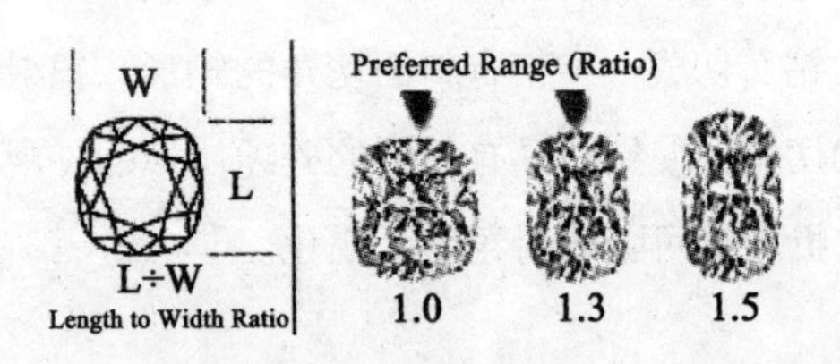

三角形切割法（TRIANGLE DIAMOND）：首先是在阿姆斯特丹设计将钻石切成一块楔形的形状。三角形钻石的三个切割角可能是尖的或圆形的，体形将取决于粗钻的特点和切割匠的偏好。

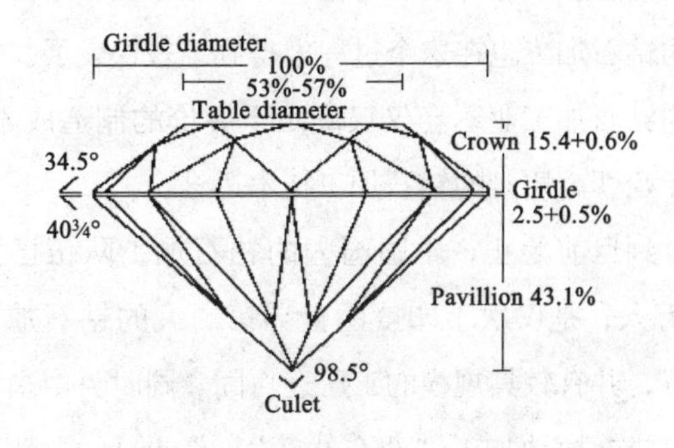

钻石加工优劣要看与光的三个属性的结合：亮度，从钻石表面和内部反射所有白光的表现；火(Fire)，描述从一颗钻石内外所发出的彩色“光焰”。闪烁性，钻石的闪光度及其闪烁不定的变幻。

一颗抛光钻石的比例影响其光性能，从而影响它的美和整体吸引力。钻石的比例，以优良的对称性和与光源的交互作用以增加亮度、火、闪烁。

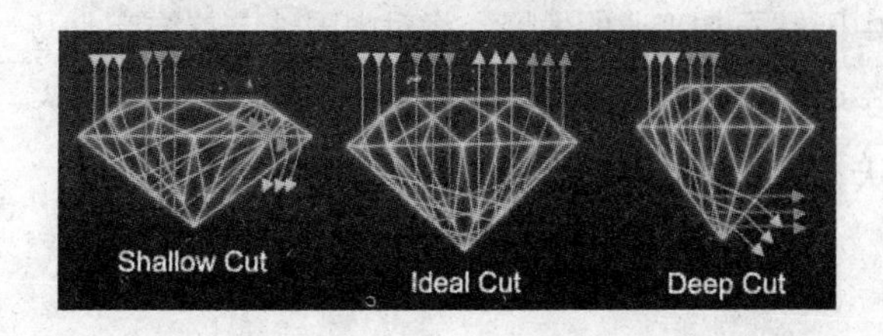

从 20 世纪 90 年代初期开始，中国钻石加工凭借高科技和严格的质量控制程序得到世界的认可，

众多钻石加工业外商纷纷把工厂开在中国；中国自己的钻石加工也在这个过程中得到了较快发展。中国的钻石加工业不会仅仅满足于廉价的制造成本，已开始朝高质量的钻石加工技术迈进。

到目前为止，中国国内的钻石加工队伍已近10万人，是仅次于印度的世界第二大的钻石加工队伍，并有较具规模的工厂近百间。同时，中国已经较成规模地加工“八心八箭”、“idealcut”（理想型）、“excellentmake”（最佳型）、“agsl”等顶尖级质量要求的加工。中国钻石已销往美国、欧洲、日本等高级市场，“中国工”已被世界钻石界普遍认定是“好工”、“优工”。近几十年来，我国钻石加工业取得了长足的发展，钻石加工贸易出口额也翻了几十倍。但相比于印度这个国际钻石加工中心，中国的钻石加工业还有很大的发展空间。中国钻石加工业要从专业人员的培养和高科技上发展，在中国政策的扶持下，不断探索，不断进步。中国钻石加工业的发展，将对中国珠宝首饰产业乃至中国经济发展具有推动作用，同时也能满足国内大众对于时尚装饰的需求。

附录：

钻石历史年表（History Timeline of Diamonds）

历史年代	钻石历史大事记（Timeline & History of Diamonds）
前800年	钻石在印度的河谷里被发现
前327年	亚历山大大帝（Alexander the Great）从印度带回第一颗钻石到欧洲
前296年	梵文手稿所称的“政事论（Arthasastra）”中提及一颗钻石
前2世纪	据一份手稿里记载：中国将金刚钻用作补瓷用途，并从印度进口钻石
1074	匈牙利王后王冠上的钻石是钻石用作珠宝的首例
1150's	印度的一颗椭圆形钻石，传说重90.38克拉，据信由路易七世之妻、阿基坦的埃莉诺（Eleanor of Aquitaine）带到了欧洲。
1375	依照钻坯原样开发的点式切削法（The Point Cut），可减少切削浪费。
1382	为波西米亚安妮王后置办的王冠饰环上有一颗镶在四粒大珍珠中央的钻石。另配有一颗大蓝宝石，一颗红玉宝石。

续表

历史年代	钻石历史大事记（Timeline & History of Diamonds）
1407	欧洲关于起源于巴黎的钻石切割技巧，记载说巴黎有一个名叫《宝石工匠和浮雕雕刻师》的新兴行会。有一名著名的钻石切割师名叫赫尔曼（1407 年）。
1423	威廉·汉克弗尔德先生，赠与他曾孙女的洗礼礼物——有英格兰首席法官证明文件的一个镀金杯和一个钻石戒指。
1434	乔纳斯·贝格（Johannes Guttenberg，1398—1468）师从斯特拉斯堡的安德里亚斯·德莱辰亨 Andreas Drytzehen 学习钻石切割和打磨。
1458	比利时布鲁日的路易斯（Louis van Berquem）用自己的切割手段加工了第一批钻石。他发明了钻石抛光轮（scaif），首创在钻石表面布置全对称刻面。
1467	路易斯为瓦卢瓦王朝的勃艮第公爵设计加工了重 137 克拉的鹅黄色“佛罗伦萨钻石（Florentine Diamond）”
1477	勃艮第的玛丽（Mary of Burgundy）成为第一个钻石订婚戒指的知名得主，赠戒者是奥地利大公马克西米兰。从此开创了钻石订婚戒指的历史和惯例。
1520	玫瑰加工法（The Rose cut）创立，加工钻石如像绽放的玫瑰。精于此项技艺的最著名的钻石切割匠是 Giacomo Tagliacarne 和 Giovanni delle Corniole 。

续表

历史年代	钻石历史大事记（Timeline & History of Diamonds）
1526	莫卧儿帝国开国皇帝巴布尔（Babur，1483—1530）获得粉红色阿格拉钻石（Pink Agra Diamond）。
1570	淡黄色的“桑西钻石（Sancy Diamond）”被法国大使从土耳其桑西庄园主尼古拉斯·哈来的手中购得。
1631	吉恩·B. 塔沃尼（Jean B Tavernier）六出印度，为法王路易十四购得了“光明之山（Koh-i-Noor）”钻石和“希望（Hope）”钻石。他写的《六出印度“The Six Voyages of John Baptiste Tavernier”》一书于1676年在巴黎出版。
1643	大康德钻石（Grand Condé）是颗淡粉红色梨形宝石，出自路易斯（Louis de Bourbon）之手，由法王路易十三给了康德王子（Prince of Condé）。
1650's	红衣主教马扎林（C. J. Mazarin，1602—1661）从俄国女皇凯瑟琳大帝处收集到一些首次用“磨光刻花法（Brilliant cut）”加工的“马扎林双面刻花”钻石，
1664	“维特尔斯巴赫钻石”是颗珍稀的深蓝色彩钻，是西班牙国王菲利普四世送给他15岁的女儿特丽莎公主与奥地利皇帝利奥波特一世订婚的礼物。

续表

历史年代	钻石历史大事记（Timeline & History of Diamonds）
1669	“造匙者之钻（Spoonmaker's Diamond）”，又称卡西克西钻石（Kasikci diamond），在伊斯坦布尔 Egrikapi 的垃圾堆里被发现。
1681	威尼斯钻石匠佩鲁齐开发出“三面切割打磨法（Triple-Cut Brilliant）”或称“佩鲁齐切割法（Peruzzi Cut）”，钻石冠部刻面数量增一倍，由 17 个增至 33 个。此切割法亦称为“旧式切割法”或“长角阶梯型（Cushion cuts）”。
1691	“绣球花钻石（Hortensia diamond）”，一颗乳黄色钻石（pale orangey-pink），添加到法王路易十四的王冠上。
1701	无色的“摄政王钻石（Regent diamond）”在印度吉斯特纳河（Kistna River）的帕塔砂矿（Parteal Mines）中被一名奴隶发现。
1726	马库斯·摩西（Marcus Moses）将他从印度弄来的绿色钻石卖给萨克森王奥古斯特一世（King Frederic August I），被以萨克森首府命名为“德累斯顿绿钻（Dresden Green diamond）”。该钻呈鲜绿色，重 41 克拉，加工成 58 面梨形钻。
1760's	“奥尔洛夫钻石（Orlov Diamond）”镶在俄国女皇叶卡捷琳娜的权杖上。

续表

历史年代	钻石历史大事记（Timeline & History of Diamonds）
1762	重 88.70 克拉的“沙哈钻石（Shah Diamond）”在印度“宝山矿”发现。该钻曾被宝石匠 Jeremia Posier 镶在叶卡捷琳娜大帝的皇冠上。
1792	“法兰西蓝钻（French Blue Diamond）”即后来的“希望钻石”，在法国大革命期间随王室珠宝一起丢失。
1837	查尔斯·L. 蒂芙尼成立“蒂芙尼钻石公司（Tiffany Diamond Company）”。
1839	称为“希望钻石”的大蓝钻，出现在 Henry Philip Hope 的宝石目录中。
1850's	玄色奥洛夫（Black Orlov）钻石，被俄罗斯公主娜迪亚·奥尔洛夫获得。（参见 1760's 项）
1851	著名的“光之山（Koh-i-Noor）钻石”被维多利亚女王交由阿姆斯特丹钻石工匠重新切割为105 克拉宝钻，成为英国王冠珍宝的一部分。
1853	南方之星（Star of the South）在巴西的巴伽杰姆（Bagagem）钻石矿被发现。
1854	阿斯切尔兄弟在荷兰阿姆斯特丹成立“阿斯切尔皇家钻石公司（Royal Asscher Diamond Company）”。

续表

历史年代	钻石历史大事记（Timeline & History of Diamonds）
1867	南非首粒一颗钻石在奥兰治河岸发现，重21克拉重，掀起钻石热狂潮。后被切割成“交响诗（Eureka）”钻石。
1869	重47.69克拉的旧式梨形钻石南非之星（Star of South Africa）在南非发现。
1877	蒂芙尼黄钻（Tiffany Yellow）在南非发现。
1880	无色的“波尔特·罗兹钻石”（Porter Rhodes Diamond）出自金伯利矿，应波尔特·罗兹先生之请命名若此。
1889	伊朗国王巴列维（Nasseridin）获得非洲钻石，命名为“伊朗黄钻”（Iranian Yellows）。
1895	五十嘉庆钻石（Jubilee Diamond）的原钻重755.5克拉，发现于南非亚格斯丰坦，是南非继“卡里南”之后的第二大钻石。
1902	1870—1891年间，至少有6个金伯利岩筒在金伯利发现。南非最大的金伯利岩筒于1902年在比勒陀利亚附近的卡里南被发现，产量极丰。
1905	卡里南（Cullinan，亦称非洲之星）钻石被南非首相矿主管弗·威尔斯（Frederick Wells）发现，以该矿创始人托马斯·卡里南（Thomas Cullinan）之姓氏命名。此君乃应英王爱德华7世之请，邀阿斯切尔兄弟约瑟夫和亚伯拉罕为之切割重3106克拉的“卡里南钻石”。

续表

历史年代	钻石历史大事记（Timeline & History of Diamonds）
1900's	约瑟夫大公钻石是颗垫形无色宝石，由匈牙利王子约瑟夫大发现而得名。
1900's	“德-格里斯科诺之灵”（Spirit of de Grisogono）重312.24克拉，世纪初发现于中非，粗钻587克拉，是世界最大的宝石级黑色钻石。
1909	蓝心钻石（Blue Heart diamond）重30.82克拉，由巴黎宝石匠阿坦里克·伊坎南（Atanik Ekyanan）加工。
1916	特热斯肯克钻石（Tereschenko Diamond）在俄国十月革命前从俄罗斯外泄。
1924	美国发现其最大钻石，绰号山姆大叔（Uncle Sam）。发现者叫W.O.巴萨姆，在阿肯色州立公园的钻石火山口游玩时发现。
1933	纳-幸运儿钻石（La Favorite Diamond）发现于南非，展出于芝加哥世博会。
1934	琼格尔钻石（Jonker Diamond）由62岁的约翰尼斯在南非发现。
1937	中国山东郯城发现重217.75克拉“金鸡钻石”，旋被日寇掠走而杳踪。
1941	Walska钻石，一颗重95克拉的椭圆加工黄钻，1941年被波兰歌剧演唱家Ganna Walska（1887—1984）购得。

续表

历史年代	钻石历史大事记（Timeline & History of Diamonds）
1945	塞拉里昂发现重770克拉的沃耶河（Woyie River）钻石。
1950	重101.29克拉的欧纳特鲜黄色奇钻（Allnatt）在南非首相矿被发现，并以它的原始主人欧纳特的名字命名。
1957	尼泊尔“永恒钻石”（The Ageless Diamond）重79.41克拉，梨形宝石。被美国珠宝商哈里·温斯顿自印度购得。克里斯蒂拍卖行和伦敦德比曾赞助将其作短期展览，效果惊人。据信此钻出自戈尔康达附近之冲积滩。
1958	“明眸”钻石（Nur-Ul-Ain，即 Light of the Eye）是伊朗皇后法拉赫·巴列维婚礼上所戴之三重冕冠上的一颗粉红钻石，重约60克拉（30 * 26 * 11毫米）。
1967	地球之星钻石乃从一颗重248.9克拉的毛坯钻石上切下，原钻发现于亚格斯丰坦矿（Jagersfontein Mine）。
1968	克鲁伯钻石（Krupp Diamond），为美国女明星伊丽莎白·泰勒所购。
1969	重435克拉的扎勒和平之光钻石（Zale Light of peace）在塞拉里昂发现。温斯顿于1972年将其买走。
1969	一对知名电影明星夫妇购买“泰勒-波顿钻石”，是颗梨形钻。

续表

历史年代	钻石历史大事记（Timeline & History of Diamonds）
1969	扎列的‘和平之光’钻石由达拉斯的扎列公司购得，是颗白蓝色钻石，重 434.6 克拉。原钻产自塞拉利昂。
1969	摩洛哥苏丹（Sultan of Morocco）是颗重 35.27 克拉的灰蓝色垫式钻石，卡迪亚借给纽约博物馆作世界宝石博览会展品。
1970	塞拉里昂发现重 620 克拉的“塞法杜”巨钻，引发该国钻石狂热。
1971	1971 年 9 月 25 日，中国江苏省宿迁县发现一颗重 52.71 克拉的金刚石。
1972	塞拉里昂发现该国第四颗巨钻——重 968.9 克拉的“塞拉里昂之星（Star of Sierra Leone）”。
1973	“阿姆斯特丹黑钻”在阿姆斯特丹“D. Drukker & Zn”上首次展出。
1977	“卡恩鲜黄钻石 Kahn Canary Diamond”在阿肯色州 Murfreesboro 附近的州立钻石公园火山口发现。
1977	12 月，中国山东临沭发现重 158.79 克拉的纯净无瑕淡黄色的《常林钻石》。
1981	1981 年 8 月 15 日，在山东郯城陈埠发现一颗 124.27 克拉的巨粒金刚石。被命名为“陈埠一号”。
1982	1982 年 9 月，在山东郯城陈埠发现一颗 96.94 克拉的金刚石。

续表

历史年代	钻石历史大事记（Timeline & History of Diamonds）
1983	1983年5月，在山东郯城陈埠发现一颗92.86克拉的金刚石。 1983年11月，山东蒙阴发现一颗119.01克拉的原生钻矿床金刚石，被命名为“蒙山一号”。
自80年代末	非洲中、西部诸产钻国内战渐酣，“血钻”现象形成。
1997	南瓜钻石（Pumpkin Diamon）是一颗状如花俏生动的橙子的钻石，由一位南非农场主发现。
1997	由加比·克瓦斯基设计制作的“五十周年纪念钻石”（Golden Jubilee Diamond）出现在泰国国王登基五十周庆大典上。
1999	美洲之星钻石（American Star Diamond）被加州的八星公司（EightStar company）收购。
2002	白鲸钻石（Beluga Diamond），41克拉宝石，发现于印度的戈尔康达宝山地区。阿育王的切割钻石，经犹太老板威廉·高柏定型。
2009	2009年，重338.6克拉的“临沂之星”（原名陈埠二号）在山东展出。